（全新版）

# Photoshop CC 完全自学教程

## 从入门到实践

张雨秋 著

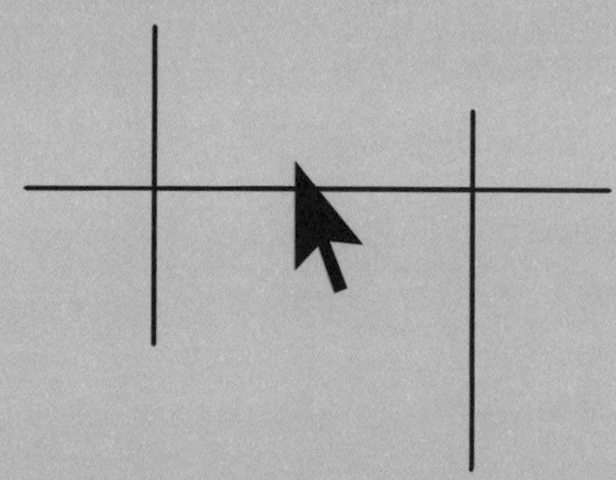

民主与建设出版社
·北京·

图书在版编目（CIP）数据

Photoshop CC 完全自学教程：从入门到实践：全新版 / 张雨秋著 . -- 北京：民主与建设出版社，2020.12
ISBN 978-7-5139-3331-5

Ⅰ . ① P… Ⅱ . ①张… Ⅲ . ①图像处理软件－高等学校－教材 Ⅳ . ① TP391.413

中国版本图书馆 CIP 数据核字 (2020) 第 242930 号

Photoshop CC 完全自学教程：从入门到实践（全新版）
Photoshop CC WANQUAN ZIXUE JIAOCHENG CONG RUMEN DAO SHIJIAN QUANXINBAN

著　　者　张雨秋
责任编辑　彭　现
装帧设计　Abook-Ashno
出版发行　民主与建设出版社有限责任公司
电　　话　(010)59417747　59419778
社　　址　北京市海淀区西三环中路 10 号望海楼 E 座 7 层
邮　　编　100142
印　　刷　天宇万达印刷有限公司
版　　次　2021 年 4 月第 1 版
印　　次　2021 年 4 月第 1 次印刷
开　　本　787mm × 1092mm　1/16
印　　张　11
字　　数　150 千字
书　　号　ISBN 978-7-5139-3331-5
定　　价　49.80 元

# 序言

大概在我高中的时候，第一次有人在我身边打开PS给一张图片调整色调。时至今日，我依旧记得那时我的心情——既惊讶又敬佩。当时那人对我说：只要你想，就可以学。

现在，我也想把这句话送给这本书的读者们。

PS并不是一个学起来很困难的软件，网上充斥着各式各样的教程，而一直以来也有很多非科班出身的职场人士在学习PS技术，但为什么那么长时间里，却很少有人能够号称“精通”PS呢？我觉得答案之一就是对于新手来说，网上的课程过于琐碎，内容过于庞杂。

你可以从东家了解到图层是什么，又可以在西家听了一耳朵照片滤镜，可是当你试图将两者结合起来的时候，却发现遇到了某些未知错误。对于新手来说，仅仅是这一点点的小挫折，就足以让人想要放弃。因此在写这本书的时候，我努力采用案例分析的方式，系统地向读者介绍了不同功能应当如何贯穿使用、某一工具如何服务于不同的效果与功能等问题。力图让工具变成“奴隶”，主动服务于使用者。

身在职场，工作中每个人都免不了有图片处理的需求，如果事事都找设计师，设计师也不知道什么时候能做完，而焦急等待，又免不了内心煎熬。这时候，大部分人的解决方案是：用美图秀秀抠图，并内心暗自祈祷领导不要拿这件事来说事儿。

其实，除了美图软件，更好的选择当然是Photoshop。修图、做海报、公众号排版、合成创意图片……这些需求，PS都能帮你完成，有了PS，你能更好地向客户传达你的设计理念，也能让领导觉得你能担重任。

作为一名职业设计师，不少人曾对我说：后悔当年自己没有学习PS，现在开始学是不是太晚了？PS到底难不难，应该从哪里开始学起？

我的答案是：永远也不晚。相较于别的软件，PS不难学。既然你已经进入职场，那不如直接从工作场景入手，在学习中成长。

我相信很多小伙伴的电脑里都有安装PS，但几乎不怎么会使用。有人常常因为电脑配置而无法自如使用PS，也有人连如何快速、正确地新建一个文件都不了解。

此外，在写这本书的时候我也在不断思考，如何向来自各种不同学术背景或生活背景的读者介绍所谓的“设计师思维”。后来，我决定将美术史、设计理论、色彩学等这些看似高深但对于设计师来说无疑是“基础知识”的内容插入PS软件操作教程中，试图让大家直观地理解“设计师思维”。这样做的目的并不是增加大家的学习成本，而是方便大家以本书为起点，更深入地了解设计。毕竟，随着时代更迭、软件升级，现下我们所推崇的技术都会过时，但对于美的理解，以及设计与软件学习的逻辑却是一个相对固定的概念。因此我想，这本书给大家带来的不仅仅是短期的收益，更多的是“长线回报”。

最后我想说的是，限于年龄、阅历等原因，本书实在有很多不足之处，希望读者朋友们不吝赐教。你们可以通过我的B站账号“浴球菌”联系到我，随时欢迎大家的留言。

感谢大家的支持！

——张雨秋 2020年10月23日于上海

# 目录

# CHAPTER

# 1

## 你需要了解的基础知识
## ——如何新建文档

首先，请你打开电脑上2020版本的PS，眼前就会出现一个对话框，如图1-1所示。

图 1-1

对话框内包含了如文件名称、画布尺寸、分辨率（即图像精度）及色彩模式等栏目。想弄清楚如何创建需要的文件，首先，你需要先了解几种常见的色彩模式。

# 1.1 简单了解 RGB、CMYK、灰度

RGB色彩模式是指一种通过红（red）、绿（green）、蓝（blue）三原色对色彩进行定义的方式，也是最常见的用于电子屏幕的一种色彩模式，而CMYK色彩模式则不同。

简单来说，如果你设计的作品要用电子屏幕（如手机、iPad、电脑等）展示，就应该直接选择RGB色彩模式；如果你设计的作品要用印刷物（宣传册、海报、T恤衫等）展示，则应该选择CMYK色彩模式。

至于灰度模式，指的则是一种将纯黑与纯白之间的过渡，细腻地用不同层度的（包含256种）灰来表达的色彩方式。不同的色彩模式，本质上代表的是对色彩的不同定义。因此，当我们把不同数值的RGB（红、绿、蓝）三原色或CMYK（青色、品红、黄色、黑色）进行叠加时，就能获得相对应的颜色。

由于光在透过颜料或者有色物体时，这些物体会吸收某些波长的光，因而当CMY（青色、品红、黄色）均为最大值时，你获得的将会是黑色，即所谓的色光减色法。而当RGB（红、绿、蓝）均为最大值时，你获得的将会是白色，即所谓的色料加色法，如图1-2。

图 1-2

举例而言，在色卡或者各类色彩参考上，我们可以看到这样一组数值，如图1-3。

图 1-3

其中的RGB与“#”所代表的含义是在这一色彩模式下，被定义的对应色的数值。

在之后的章节中，我们将会学习到如何通过输入3~4个数字，获得色卡中的那些定义色。

### 1.1.1 如何处理 CMYK 与 RGB 色彩表达的差异

CMYK色彩模式与RGB色彩模式所代表的颜色又有什么不同呢？通常而言，CMYK的色域比较窄，因而所表达的颜色会比较暗淡。

CMYK- 对比　　RGB- 对比

图 1-4

如图1-4所示，紫色分别在CMYK和RGB色域下的表达，有一些差异。

若论参数，这两种颜色的参数是一致的。图1-5显示的是这两种颜色的参数。

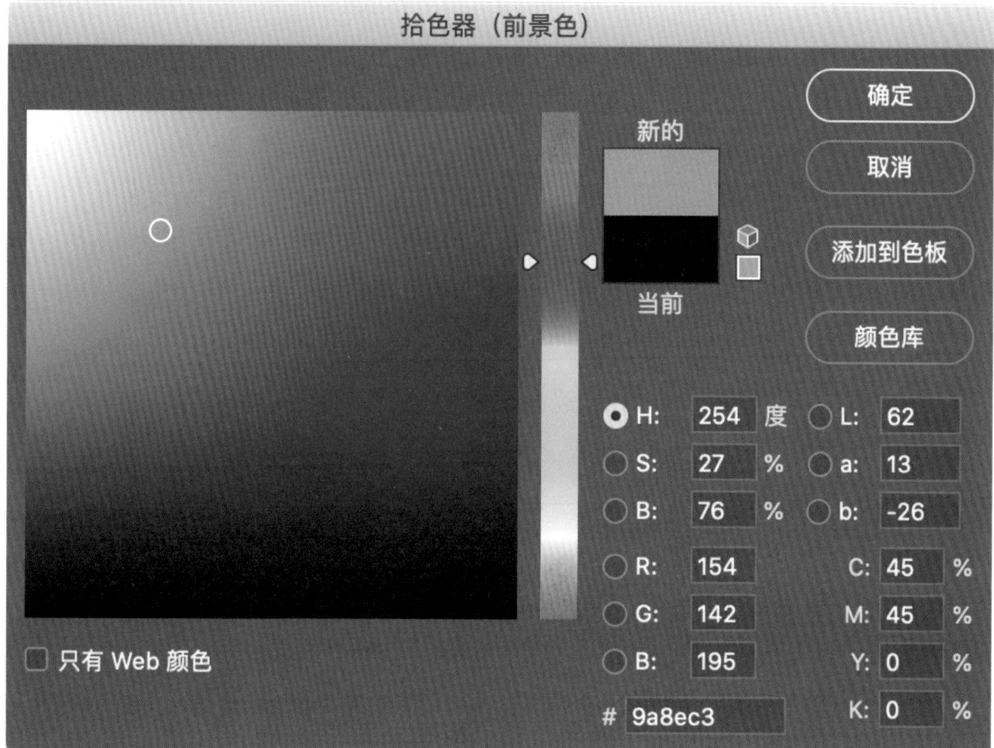


图 1-5

知道了这个特点，在今后的设计工作中，如果遇到了RGB色彩模式下的作品需要转为CMYK色彩模式下的作品，你就应该在转换完色彩模式之后，再调整一下新颜色的亮度和饱和度。

# 1.2 什么是分辨率

通过第一节的学习，你已经了解了需要根据需求来设置所需要的色彩模式。接下来，让我们一起来看看在创建文件的过程中，你将会遇到的第二个问题——分辨率。

大家都有在视频网站上浏览视频的经历，当你的网络环境足够稳定快捷时，视频网站会自动向你推荐高清画面。这时，你看到的画面清晰度会比低精度画面更高，换一种表达方式，也就是分辨率更高。

当你创建一个新的PS文件时，你填写的分辨率就代表着画面的清晰度，数值越大，即分辨率越高。在同等尺寸下，画面越清晰，相对应的文件也会越大，对电脑运行的要求也会更高。你看到的dpi是分辨率的单位。通常而言，较高质量的印刷品其精度需要达到300dpi，普通印刷品，如报纸、传单等的精度则只需要150dpi。至于普通网站或PPT，通常只需要达到72dpi或96dpi就行了，因为传统电子屏幕的精度解析最高仅仅是72dpi。

近年来，随着科技的发展，我们的日常生活中出现了一些更高精度的电子设备屏幕，如Apple推出的4K屏，可以做到在同等尺寸的屏幕上呈现出更高像素的画面。如果你需要在这类电子屏幕上呈现画面，为了达到更好的视觉效果，你也可以选择150dpi的分辨率。

一般来说，150dpi适用于低精度要求的印刷画面和高精度要求的电子屏幕画面的呈现。

# 1.3 如何设置画面尺寸

到目前为止，你已经知道了如何设置色彩模式、精度。接下来，我们来学习如何设置画面尺寸。

画面尺寸是一种很常见的概念，在PS的设置框中，我们可以通过下拉菜单栏看到不同的尺寸单位，譬如毫米、厘米、像素、点、英寸、派卡等，其中最常用的尺寸单位是厘米、毫米和像素。

如果你的设计作品最终是一件印刷品，就要按照你所需要的尺寸进行设置。我们知道一张A4纸的尺寸是210mm × 297mm，一张A3纸的尺寸则为297mm × 420mm，而商场中的易拉宝尺寸通常则为600mm × 1600mm或800mm × 1800mm。

当然，除了我们经常能够在商场中接触到的各种各样的宣传物料之外，最常见到的印刷品应该就是图书了。翻开图书的封面或封底后，你会看到一些出版信息。有出版信息的这一页通常被称为版权页，那么你如何通过这些简略的文字，了解这本书的开本信息呢？

如图1-6，这本名为《动机心理学：克服成瘾、拖延与懒惰的快乐原则》一书中，在开本一栏，你会看到一组数字，即“880 × 1230 1/32”，这是什么意思呢？

图书在版编目（CIP）数据

动机心理学 ： 克服成瘾、拖延与懒惰的快乐原则 / (美) 罗曼·格尔佩林著 ； 张思怡译. -- 天津 ： 天津科学技术出版社，2020.3

ISBN 978-7-5576-6863-1

Ⅰ. ①动… Ⅱ. ①罗… ②张… Ⅲ. ①动机—心理学—研究 Ⅳ. ①B842.6

中国版本图书馆CIP数据核字(2019)第261913号

动机心理学 ： 克服成瘾、拖延与懒惰的快乐原则

DONGJI XINLIXUE:KEFU CHENGYIN、TUOYAN YU LANDUO DE KUAILE YUANZE

责任编辑：布亚楠

出　　版：天津出版传媒集团<br>天津科学技术出版社

地　　址：天津市西康路35号

邮　　编：300051

电　　话：(022) 23332695

网　　址：www.tjkjcbs.com.cn

发　　行：新华书店经销

印　　刷：唐山富达印务有限公司

开本 880 × 1230　1/32　印张5.5　字数 100 000

2020年3月第1版第1次印刷

定价：42.00元

图 1-6

其中，“880 x 1230”指的是这本书所用的原纸在切割前的尺寸。印刷厂在印制时都会采用大批量印刷，在这样的情况下，为了节约成本也为了提高效率，印刷厂的师傅会做一种印前的专业处理——拼版，将一本书的内文根据文章的内容、装订顺序整齐地拼在一整张大纸上。

因此这里的“880 x 1230”，指的是这张纸在裁切前的大小。而1/32则指的是这本书的开本是这张纸的1/32，也就是我们常说的32开。

日常生活中常见的32开的开本尺寸有184mmx130mm、203mmx140mm等。当然除了32开，我们经常接触的开本还有8开、16开、64开。

到目前为止，我们已经解决了画布尺寸、分辨率（即图像精度）及色彩模式这几个问题，那么如何正确地新建一个文件也就不再是难题了。

Q&A

**Q：** 公司马上要进行年终演讲，领导要求你做一个PPT。你应该如何创建文件?

**A：** PPT就意味着最终不会被印刷，首先应排除300dpi的选项。其次，作为一次重要的会议，PPT的画面将要被扩大数倍投放于公司的高清屏幕上，为了视觉效果更好，你应该设置更高的精度。设置为150dpi就很合适。

以Microsoft 版本16.32为例，PPT的尺寸在PPT演示文稿软件的“设计→页面设置→幻灯片大小”中可以看到，如图1-7所示，全屏显示（4:3）的尺寸是宽度为25.4厘米，高度为19.05厘米。

至于彩色的电子屏幕则要选择RGB的色彩模式。

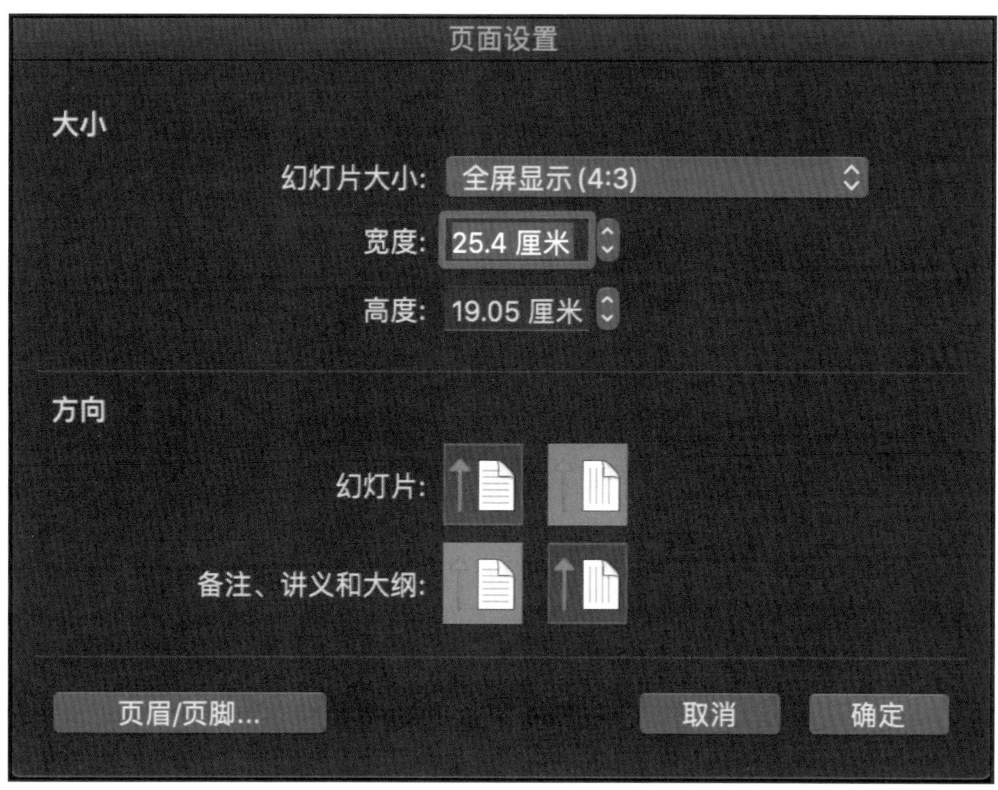
页面设置
大小
幻灯片大小:
全屏显示(4:3)
宽度:
25.4 厘米
高度:
19.05 厘米
方向
幻灯片:
备注、讲义和大纲:
页眉/页脚...
取消
确定

图 1-7

# CHAPTER

# 2

# 你需要了解的基础知识——PS 界面（初识工具栏）

# 2.1 界面介绍

众所周知，PS是一款对图片具有强大处理能力的软件，而与其强大功能相对应的是其复杂的界面功能，本书不会教你关于PS所有的界面功能。毕竟作为一款软件，PS本身也在不断升级，与其执着于死记硬背其所有的具体功能，不如对其每个部分的功能有大致的了解并记住常用的功能。

## 2.1.1 左侧工具栏

首先，让我们运用一下上一章所学习的方法，新建一个A4纸大小、精度为300dpi、采用RGB色彩模式的新文件，你将会获得如图2-1所示的一个文本框。

图 2-1

从左侧，我们可以看到一长排工具栏，包括直接选择工具、框选工具、魔棒工具等几十个具体功能。在很多功能的右下角，还有一个白色的小三角。这个小三角通常意味着这个图标下还有其他几个数量不等且功能类似的工具。

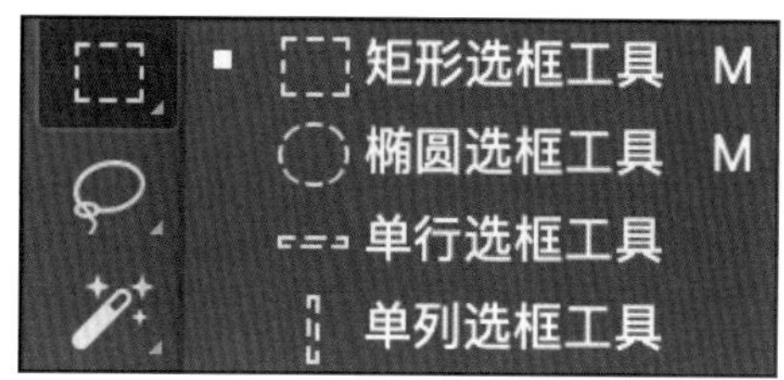


图 2-2

以框选工具为例，当你把鼠标移到该工具图标上并长按左键三秒后，会出现如图2-2所示的四种隐藏功能，分别是矩形选框工具、椭圆选框工具、单行选框工具、单列选框工具。

甚至，矩形选框工具和椭圆选框工具的快捷键都是同一个键。你或许会问，这样会不会导致快捷键之间相互冲突？答案是：不会。

因为你每一次只能选择一个框选功能，如果你选择了矩形选框工具，就无法同时选择椭圆选框工具。而在矩形选框工具的左侧，你会看到有一个白色的小矩形。这个小矩形代表的含义是，你目前处于具体哪一种选框功能。因此，你只需要移动鼠标，就可以选择自己想要的功能。这个选择功能也适用于所有列表中右下角带的白色小三角，只需长按鼠标左键3秒，移动鼠标就能选择更具体、更贴切的功能。

你恐怕会担心，PS拥有那么多功能，应当如何记忆这些复杂的工具呢？

不用着急，PS的设计师为此提供了一个完美的解决方案。如果你使用的是官方版本，只需要将鼠标轻轻附在左侧的工具栏，等待2~3秒钟，你就能获得一个简单的白框教程，它能告诉你如何使用该功能、该功能的名称及该功能的快捷键（如图2-3、图2-4）。需要特别指出的是，如果你需要使用快捷键，请务必保证电脑处于英文输入的模式。

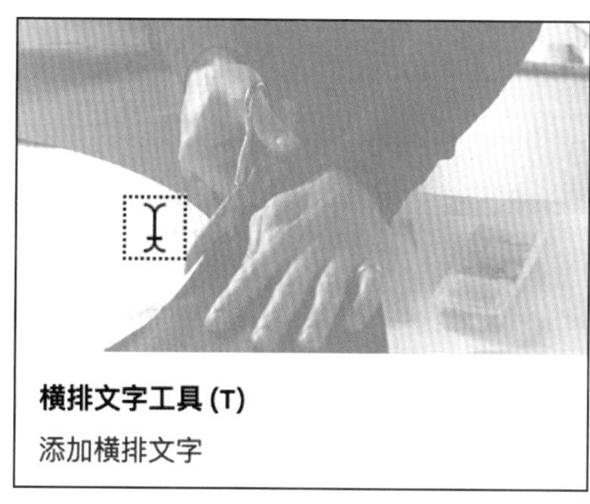


图 2-3

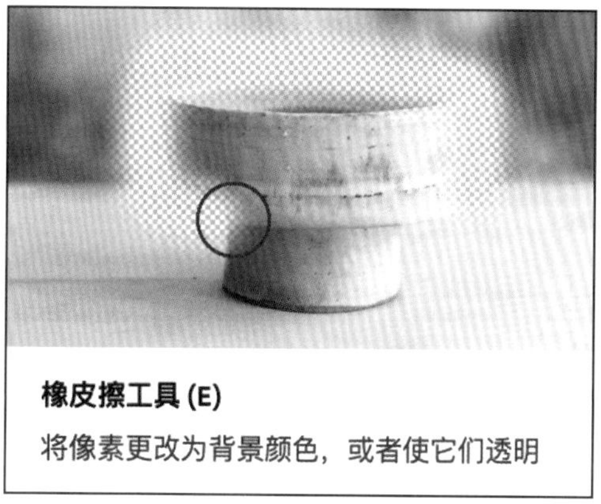

**橡皮擦工具 (E)**

将像素更改为背景颜色，或者使它们透明

图 2-4

### 2.1.2 顶部菜单栏

在PS软件界面的顶部，你可以看到一整行的下拉菜单，如文件、编辑、模式等。如果说左侧工具栏的功能主要是对文件的具体部分进行小幅修改，那么顶部下拉菜单里的功能就主要是对整个文件进行修改，比如文件菜单下拉会显示保存、另存为、导出等功能，窗口菜单下拉会显示动作、段落、仿制源等功能。

举例而言，窗口（见图2-5）是下拉菜单中使用频率最高的一项功能，但凡对windows有一点了解，应该都听说过“窗口→历史记录”功能。这个功能在你进行误操作时，可以帮助你随时返回到之前的步骤，其功能大致等同于word中的撤销键功能。

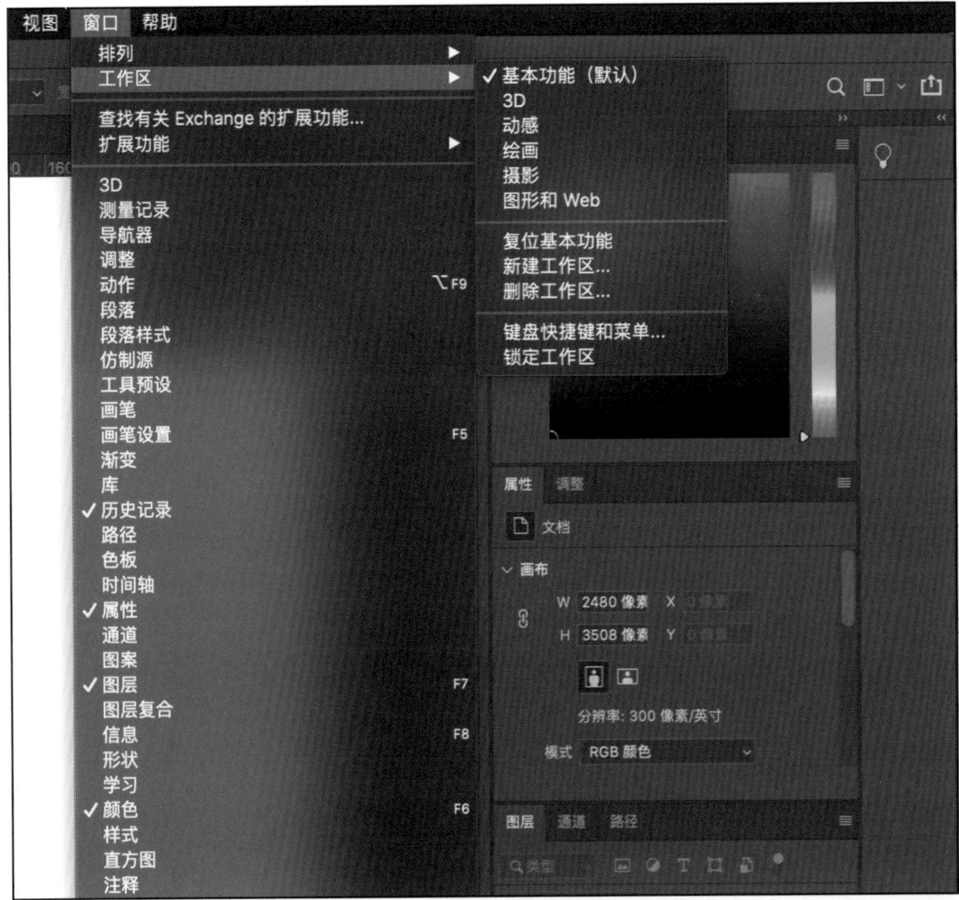


图 2-5

在默认状态下，“窗口→历史记录”功能一般会记录你的30~40步操作，也就是你一般可以通过历史记录找到30~40步之前的画面。

除了历史记录，窗口功能还负责整个PS界面的排布。如果你打开窗口下拉菜单，处在第一行的排列和第二行的工作区，都是为了方便你更改自己的PS界面。

作为初学者，某一天你打开PS软件时，发现因为种种意外状况，你的 PS界面变得“面目全非”时，请不要犹豫，你只需要打开“窗口→工作区→基本功能（默认）”，就能让它恢复到你熟悉的画面。

同样地，如果你是一位资深用户，你也可以根据自己的操作习惯，新建并保存自己的工作区。

图 2-6

## 2.1.3 右侧面板栏

相较左侧工具栏“扛把子”式的存在，以及顶部菜单栏“高端复杂”的功能，PS 界面右侧的面板栏则显得低调得多。

你可以看到右侧的面板栏，大致被分成了三个部分，即颜色、属性和图层，见图 2-6。与左侧的工具栏一样，当你将鼠标光标轻轻附在相关图标上时，你就会获得一行官方对这一功能的解释，但并没有功能的动画演示。

首先说颜色。通过截图，我们可以看到前后重叠的两个方框，位于上面的方框叫作前景色，位于下面的方框称为背景色。所谓前景色和背景色，简单来说就可以理解为色彩的plan A和plan B ，你可以通过快捷键X进行切换。

举例而言，如果你将前景色设置为黑色，将背景色设置为灰色，那么当你使用画笔工具（快捷键为B）时，处在前景色模式下，你画出的将是黑色；处在背景色模式下，你画出的将是灰色。

其次，我们来讲属性。在属性一栏里，你可以看到诸如画布、标尺和网格、参考线以及快速操作等选项，如图2-7。

所谓画布，即长宽、分辨率、色彩模式，这部分指的是我们在新建文件时会遇到的问题/设置。这一部分的存在，其实是为使用者献上的“后悔药”。如果你在开始时，将长宽尺寸设置错了，没关系，你可以利用画布工具进行调整；如果你在开始时，将色彩模式设置错了，没关系，你可以利用画布工具进行调整。详见图2-8。

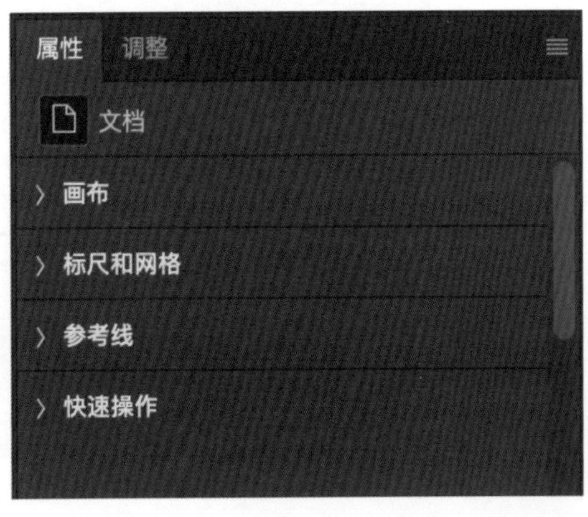


图 2-7

图 2-8

标尺和网格：如图2-9所示。相信你很容易发现，在画布的上方和左侧有一个像尺子一样的刻度表，这是为了方便你精确地进行画面调整所设置的。请按住鼠标左键不要松手，从标尺的原位置向画布拖拽，你就会获得一条横向或竖向的参考线。在默认状态下，这条参考线一般显示为荧光蓝。当然，如果你不需要，也可以选择直接单击标尺图标，以便于关闭标尺功能。同样地，如果你想利用网格工具，可以选择直接点击网格图标。

图 2-9

如果你同时打开了网格和标尺功能，你所见到的画面应该如图2-10所示。

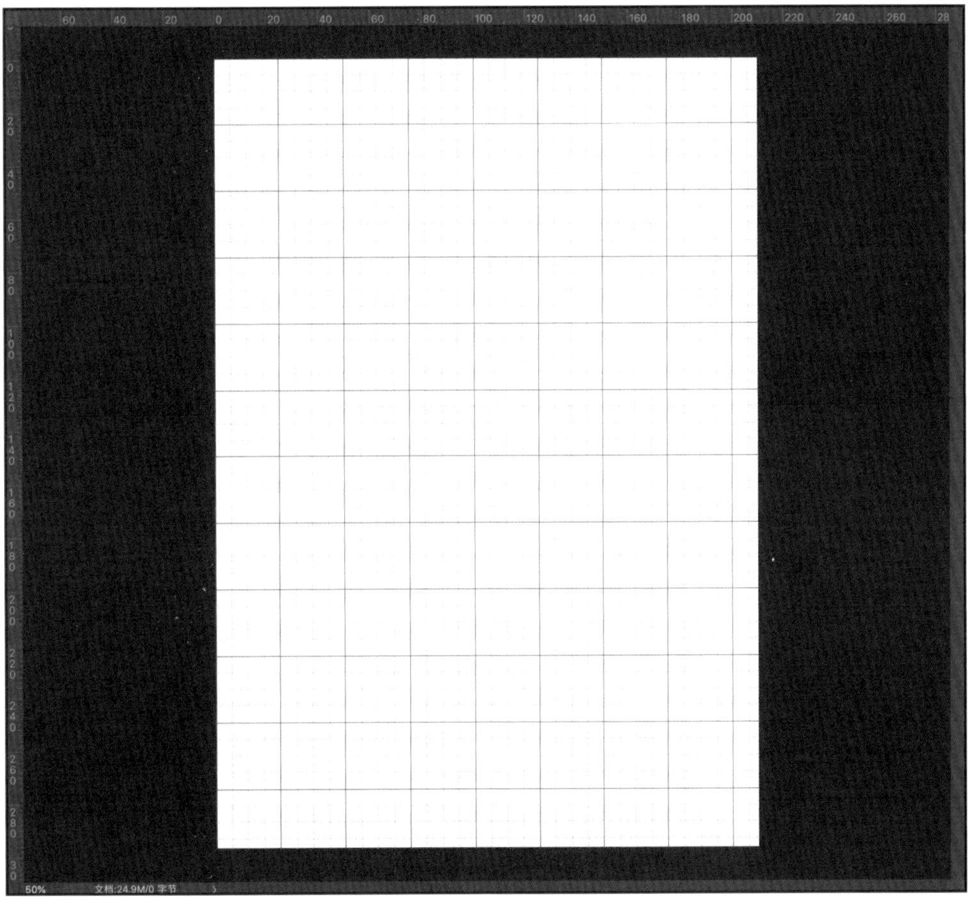

图 2-10

参考线：如图2-11所示，最左边的图标意为查看参考线，在实际使用过程中，你可以选择隐藏或显示参考线（快捷键Ctrl+R）。中间的图标意为锁定参考线，如果你没有打开这一功能，你所设置的参考线就可以通过鼠标拖拽移动。当你打开这一功能时，参考线就会被锁定且不可移动。

最右边的图标称为智能参考线。在使用这一功能时，你所设置的每一根辅助线都会根据画面中的图案自动对齐。

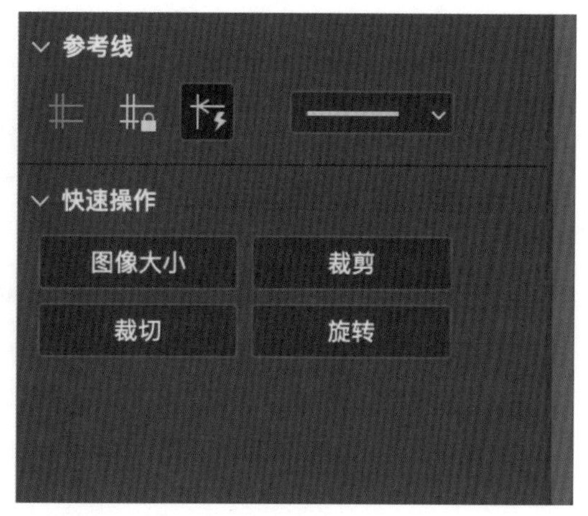


图 2-11

# 2.2 图层的概念

右侧的面板中有图层、通道和路径（见图2-12），这应该是PS软件中最有名的功能了。

相信很多人都有在课本上画画的经历，如果我们用图层的逻辑来描述“在课本上进行绘画”，那么空白的纸张就等同于PS软件中的背景层，课本上的“印刷体”则等同于空白纸张上的第一层文字/图片内容。当你在课本上进行绘画时，你的绘画作品就代表着创建了一个新的图层。

图 2-12

将图层分开的优点在于，你可以单独就部分内容进行处理，从而在画布上获得一种叠加的视觉效果。举例来说，在职场工作中，经常需要为一张简单的图片添上描述文字，你就可以使用图层工具来处理，将下方的图层设置为图片，而上方的图层则设置为需要叠加的文字。

首先，开始新建一个图层，用鼠标单击最下方图层面板中的 [+] 图标（见图2-13）。

图 2-13

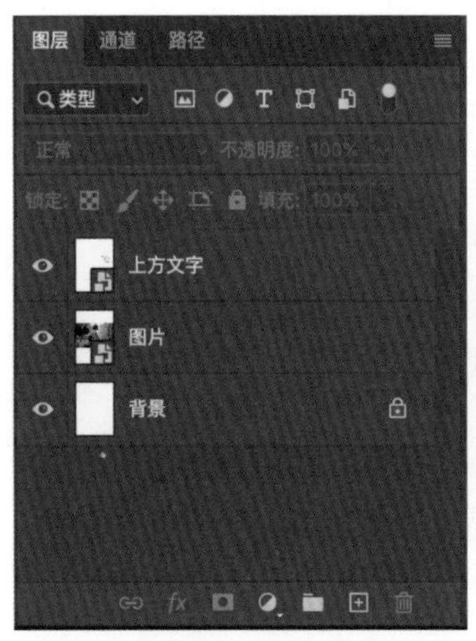


图 2-14

图 2-15

这时，你就能成功获得一件综合产品。

如图（图2-14、图2-15）所示，你能看到上方的文字带有白底。在通常情况下，我们并不需要这个白底。你可以回到文字图层，将这一层的混合模式设置为“正片叠底”，此时文字下方的白底就会消失，详见图2-16、图2-17。

图 2-16

图 2-17

事实上，在混合模式的下拉菜单中，往往有多达几十种的特殊效果，你可以一一尝试。在这个案例中，你已经了解了新建图层是点击⊞图标。接下来，让我们一起来了解另外几个图标的用法。

fx（如图2-18）代表各种特效。用鼠标单击fx，你能看到包括刚才所使用过的“混合选项”在内的许多特效（如图2-19）。

图 2-18

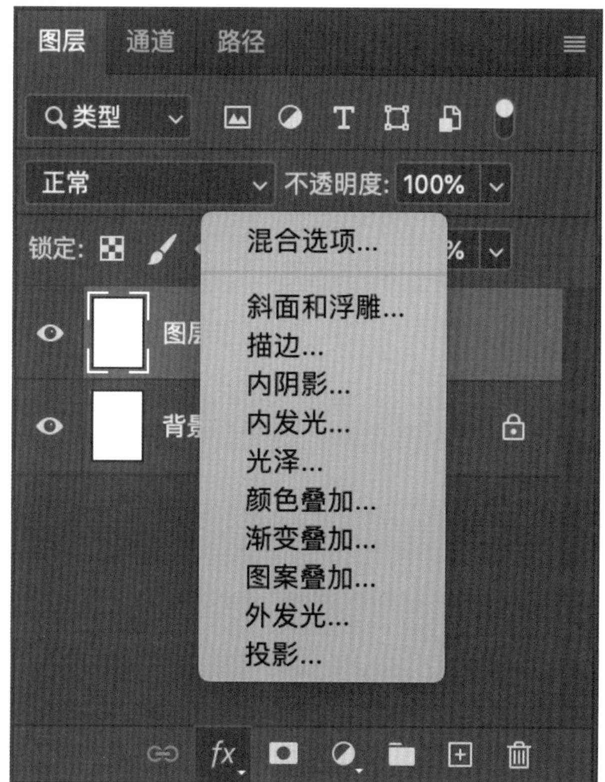


图 2-19

# 2.3 蒙版的概念

蒙版 相较于图层来说，就是让图层局部显示或渐变显现，达到隐藏部分画面内容的效果。这些部分可能是一张图片的瑕疵点，也可能是图片粗糙的边缘，还可能是几个单独的文字……

假设我们有4行文字，如果我们只想让它显示其中的两行，我们就可以使用蒙版工具。

首先，选中“上方文字”的图层，其次，单击一下蒙版图标，你就会发现一个白色的链接框（请特别注意，这个白色链接框外侧有4个角的白色虚线，虚线意味着此时所处的位置恰好在蒙版上，如图2-20）。再次，回到画布中，你可以使用矩形选框工具（快捷键为M），框选出你不需要的那部分，如图2-21。

图 2-20

图 2-21

之后，你可以使用油漆桶工具 （快捷键为G），在这个选框中导入纯黑色。

图 2-22

图 2-23

这时，你能发现图片中的两行文字消失了（如图2-22）。

最后，你需要再点击一下“上方文字”图层中的第一个矩形框（如图2-23），如果白色的虚线框转移到了前一个矩形的周围，就说明你已经退出了蒙版模式。

这个白色虚线框代表着目前所处的图层。

图标意为创建填充或调整图层。与fx 类似，单击它，你也能获得很多实用的特效。

首先，我们尝试单击这个图标，之后就会弹出如图2-24所示的列表：纯色、渐变、图案……有不逊于fx 的一系列让人眼花缭乱的选项。简单来说，fx的功能主要针对矢量图形或文字，而的功能则针对位图，即照片。

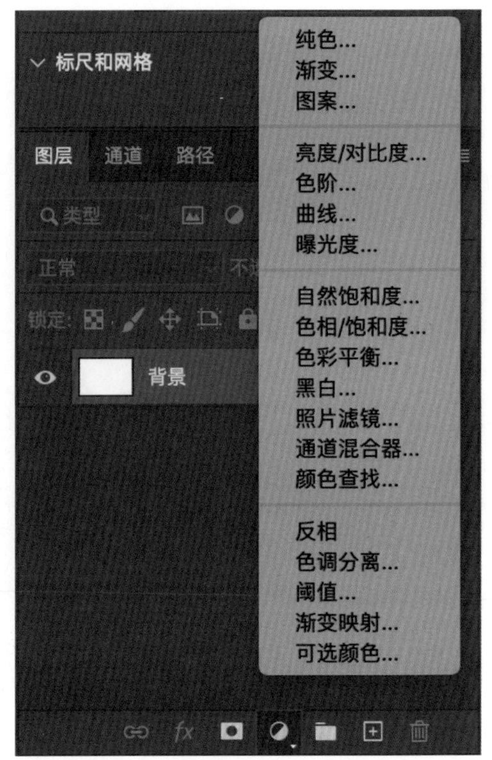

图 2-24

在这里，就不得不提及矢量图和位图的区别。所谓矢量图，就是指使用直线和曲线来描述图形。构成这些图形的元素是点、线、矩形、多边形、圆和弧线等，都通过数学公式计算获得，意味着可以无限放大而边缘不产生锯齿。与矢量图相对的是位图，称为点阵图像或栅格图像。位图是由称作像素（图片元素）的单个点组成的。这些点可以进行不同的排列和染色从而构成图样。当放大位图时，你可以看见构成整幅图像的许多单个方块。简单来说，一张照片就是位图，当你不断地放大图片，它就变得越来越模糊，而矢量图则不会。

通常对上班族来说，最直观的功能是处理图片的颜色，这一过程可逆。在大部分时候，你也可以和fx一起结合使用，以便于获得更好的视觉效果。让我们一起来试一试吧！

**Step1** 你需要将待处理的照片拖拽进PS软件中，我选取了一张风景图片,如图2-25。

图 2-25

现在，我想为这张图增加一丝蓝色的梦幻感。

**Step2** 单击 打开菜单，选择第一项中的纯色。此时，系统会跳出“拾色器”窗口。既然要为照片营造一种蓝色的梦幻感，我选择了一种蓝色，如图2-26。

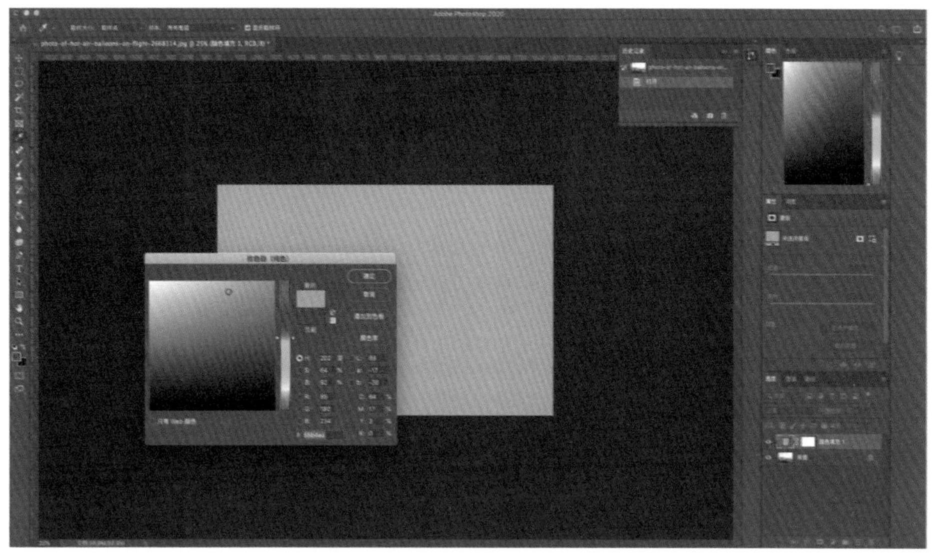

图 2-26

**Step3** 单击确定，现在你的照片上就会覆盖上一层蓝色图层。在本章的前半部分，我提到过混合模式。这时，你可以使用混合模式来处理目前的这个实色色块，不同的混合模式往往会产生完全不同的效果。

**Step4** 我选择了“颜色加深”模式，并将图层的不透明度调到了25%，如图2-27。

获得了这样的效果之后，就达到了我想要的梦幻效果。图片下方的暗色部分由于叠加了蓝色，导致图片显得有点“脏”。不如我们将这一部分的蓝色进行局部消除吧！

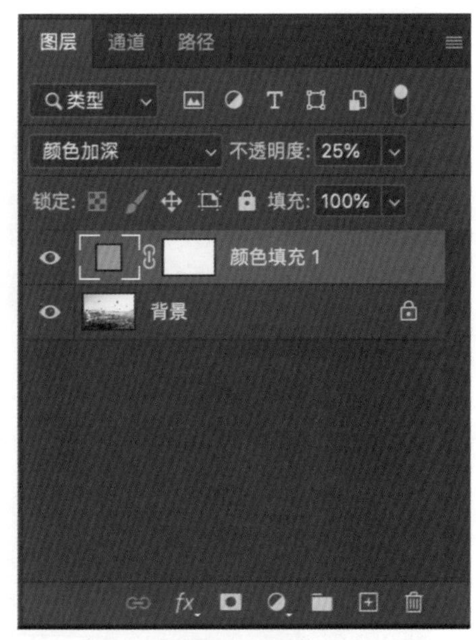

图 2-27

图 2-28

**Step5** 你可以看到，在右侧面板中，之前提到的虚线小白框停留在蓝色色块周围，也就是说，目前我所做的调整都是针对这部分蓝色色块的。

此时可以用鼠标单击它后面的白色色块，这里的白色色块是你在选择“纯色”时，由系统自动生成的蒙版。由于这个原因，在默认状态下，系统生成的蒙版是白色、没有任何特效的。在此，我们可以让这一蒙版消失。

具体的操作是，首先单击这个白色色块，进入蒙版层，将你的前景色和后景色变成前黑后白的状态 。之后，选择渐变工具（与油漆桶在相同分类中，快捷键为G）。然后，轻轻地为蒙版加上一层渐变效果，如图2-29。

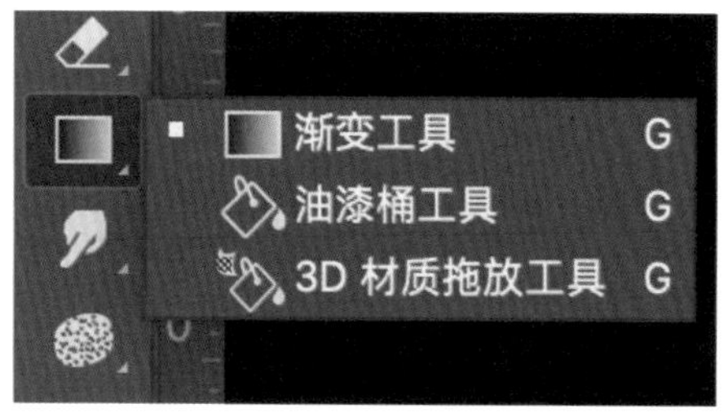


图 2-29

这时，你会发现，在右侧的面板中，你的蒙版上产生了一块黑色渐变。没错，这就是你刚刚渐变的那部分蒙版。与此同时，在你的画布中，与蒙版黑色部分重叠的那部分蓝色消失了。由于是渐变消失，也能保持一种比较柔和的视觉效果。

如果你觉得满意，就可以单击蓝色色块图层退出蒙版。

我要讲的还有右侧菜单的最后两个图标， 表示新建图层， 表示删除所在图层，如图2-30。如果觉得哪一层效果的叠加不够满意，你随时都可以删除。

此外，在每个图层的前侧都有一个像眼睛一样的符号，当你用鼠标单击一下，这个眼睛就会闭合，这就是所谓的图层隐藏功能。当处理的图片比较复杂时，你可以通过对比隐藏图层前后画面的效果来决定是否删除该图层。这是我们经常用到的一个功能。

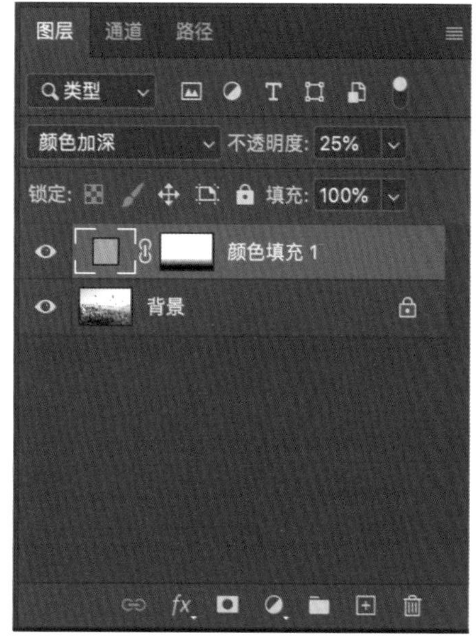


图 2-30

其实，在PS顶部菜单栏中的“图像—调整”（如图2-31）中，你可以找到很多调整照片效果的特效，但这些特效在编辑后并不会体现在你的图层中，所以在后期修改时往往没有那么容易。

经过了刚刚的不断尝试，我们已经拥有了一张被处理过的照片。如果我想为它再增加一行文字，那么应该如何处理呢？

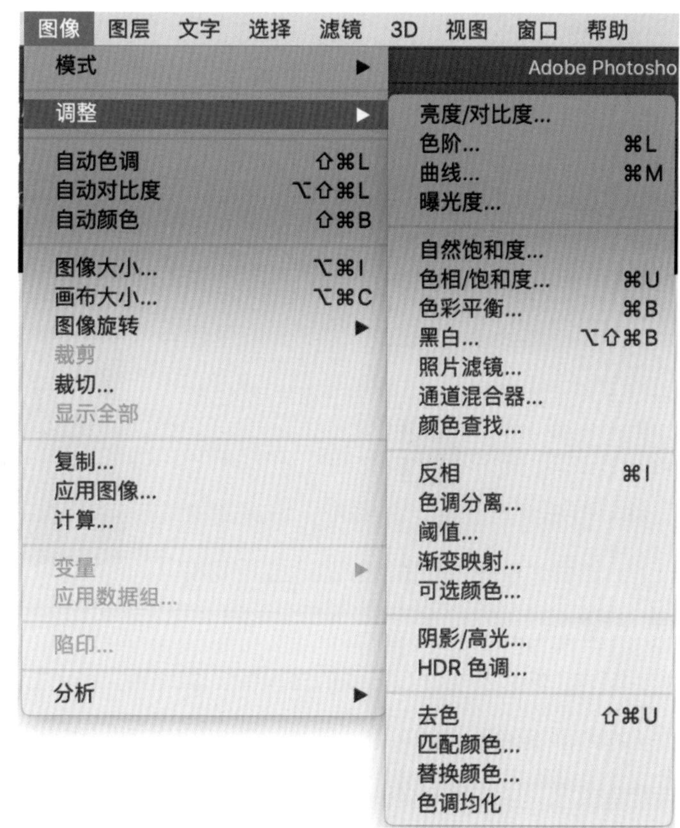


图 2-31

**Step1** 首先，让我们找到左侧工具栏中的文字工具T（快捷键为T）。

**Step2** 单击画布中你想增添文字的部分，输入文字。然后单击移动工具，退出文字编辑模式。

现在，我们已经成功编辑了几乎整个画面，那么如何正确地保存/导出文件呢？

PS的源文件体量通常会比较大，里面会保留图层及色彩信息，生成的文件尾缀为.PSD。我们可以保存一份源文件，以便后期修改。为了使用最终的文件，我们通常会使用“文件→导出”功能，将之导出为PNG格式的图片。当然，你也可以使用“文件→储存”功能，将文件保存为JPEG或PDF格式。那么，PNG格式与JPGE格式有什么区别呢？让我们通过表2-1了解一下吧。

| PNG 与 JPEG 格式区别 | | |
|---|---|---|
| JPEG | 一种有损压缩的位图图形格式 | 当 PS 源文件无背景时，导出时会自动生成白色不透明背景 |
| PNG | 一种无损压缩的位图图形格式 | 当 PS 源文件无背景时，导出时不会自动生成白色不透明背景 |

表 2-1

简单来说，如果你需要将图片用于PPT作为元素使用，导出PNG更为合适；如果只是用作普通展示，导出JPEG即可满足需求。

公司要进行年终演讲，你需要为领导制作一份资料卡。届时，这份资料会被打印出来分发给各位嘉宾阅读。那么你需要如何做呢？

**Step1** 打开 PS 软件，新建一块画板。假设资料卡的尺寸为 A4 大小，即（210mmx297mm），因为需要印刷，所以我们选择了 CMYK 色彩模式，精度则选择 300dpi。

随后，用鼠标将领导的照片（JPG 或 PNG 格式）直接拖入画板，按住快捷键“Ctrl+T”（MAC系统为“Command+T”）对照图片调整大小。此时，你的图层应该有两层，分别为背景层和照片层。

图 2-32

**Step2** 此时，我们可以看到，在照片层的右下角有一枚浮标（如图2-32）。这个浮标意味着，你刚刚拖入的照片是一个智能对象，此时无法编辑。没关系，你可以在图层上用鼠标单击右键，在弹出的列表中选择栅格化图层（如图2-33）。栅格化之后的图层，才是一张你可以正常编辑的图片。

这时，你可以选择图层蒙版工具 为照片层增加一个蒙版。在这一过程中，你可以尝试选择不同的框选工具（如图2-34），在蒙版层上框选出你需要展示的部分，如领导的头像等。

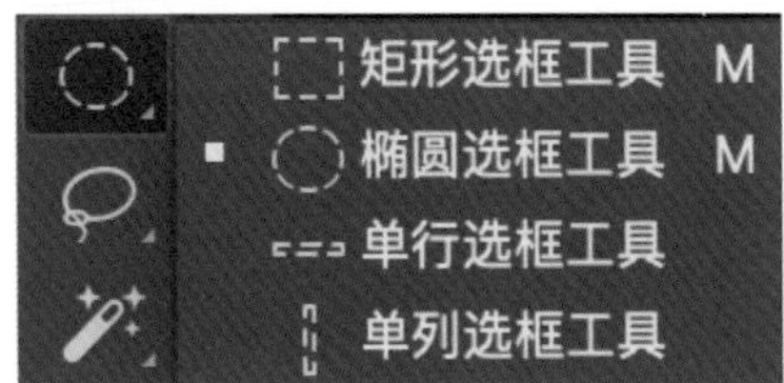


图 2-34

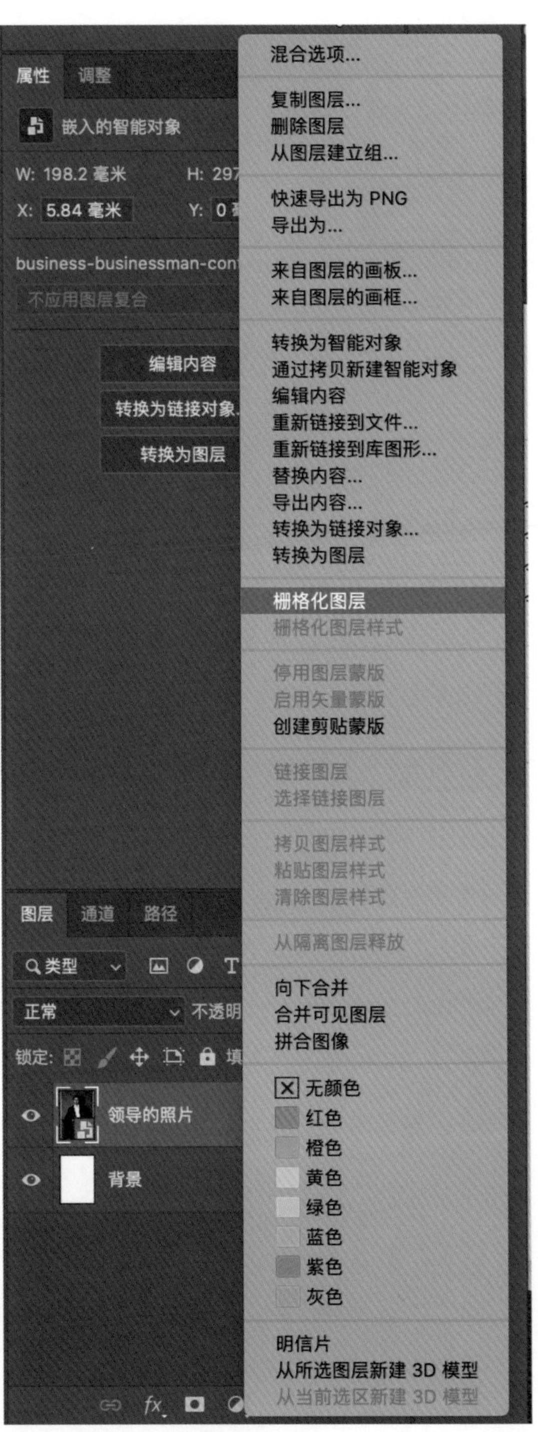


图 2-33

这个选择框的位置，也可以通过键盘上的上下键进行微调。如果你对框选的范围不满意，也可以按住快捷键“Ctrl+D”（MAC系统则为“Command+D”）取消选区，然后重新开始框选（如图2-35）。

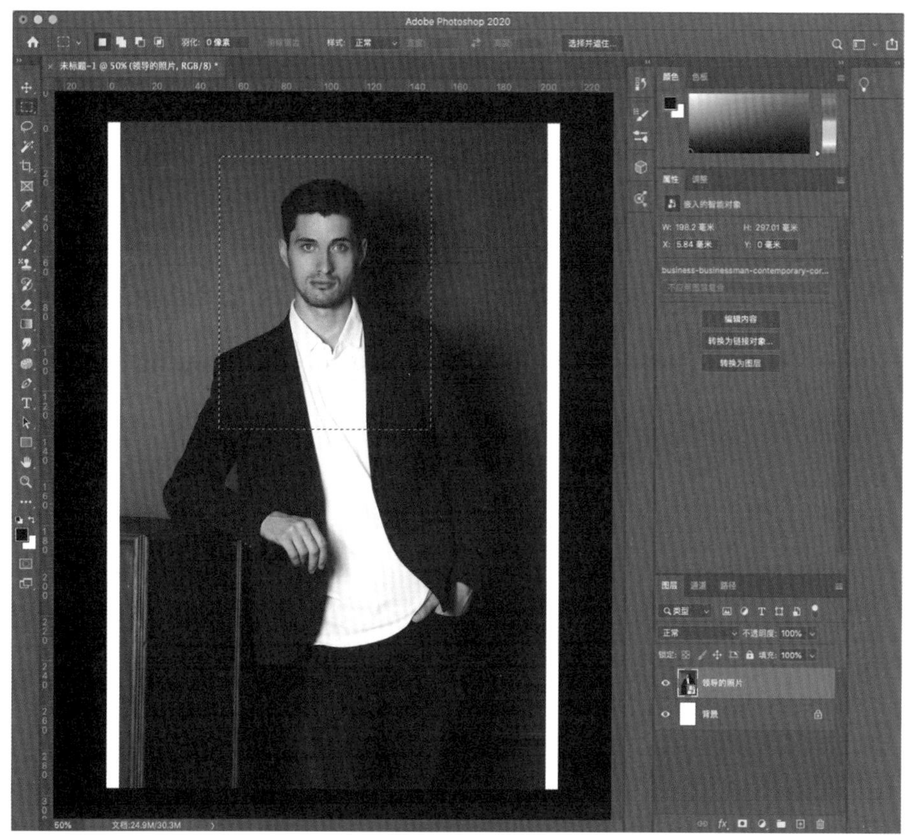


图 2-35

框选完成后，要让非框选的部分全部消失，你就要采取新的办法。一旦你将选中的框选部分用油漆桶填上黑色，则只会让选中的部分消失。

所以，首先你应该打开顶部的菜单栏，利用“选择→反选”工具（如图2-36），你会发现框选区域已经变成了除去之前框选区域的其他所有部分。

图 2-36

**Step3** 这时，你可以选择油漆桶工具（快捷键为G），在目前的选取部分单击填充黑色油漆（如图2-37）。注意，一定要是黑色油漆。因为黑色代表全部消失，白色则代表全部显示，而不同深浅的灰色则代表不同程度的消失。

图 2-37

填充黑色油漆后，画面上就会呈现出这样的效果（如图2-38）。之前，我们学习过的快捷键“Ctrl+D”（MAC 系统为“Command+D”）取消选区就可以用上了。取消选区之后，退出蒙版模式。此时，你可以使用快捷键“Ctrl+T ”（MAC系统为“Command+T”）来调整一下图片大小，以适应画面的布局。

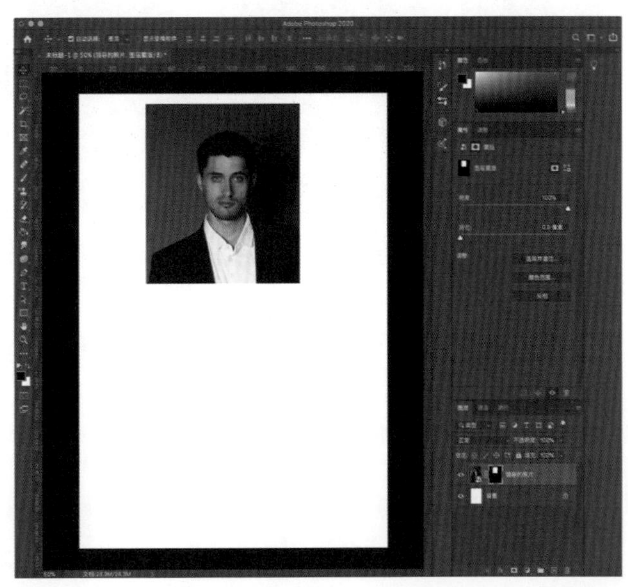

图 2-38

有了照片之后，当然还需要加上签名。同样地，你可以直接将图片拖入 PS，将混合模式设置为正片叠底，使用快捷键“Ctrl+T”（MAC 系统为“Command+T”）对签名的图层进行大小调整，也可以拖动四角略做倾斜，如图 2-39。

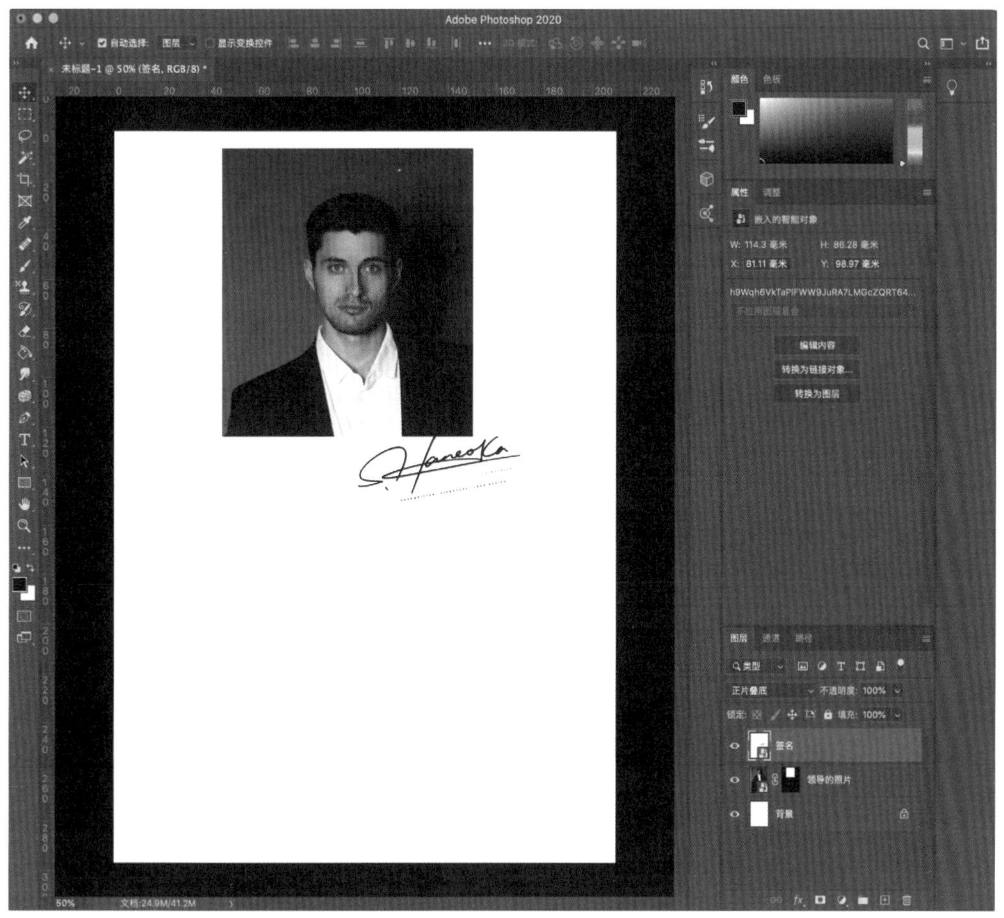


图 2-39

到此为止，这部分的基本信息已经完成了。在此基础上，你可以使用文字工具加上文字。

# 2.4 如何编辑文字

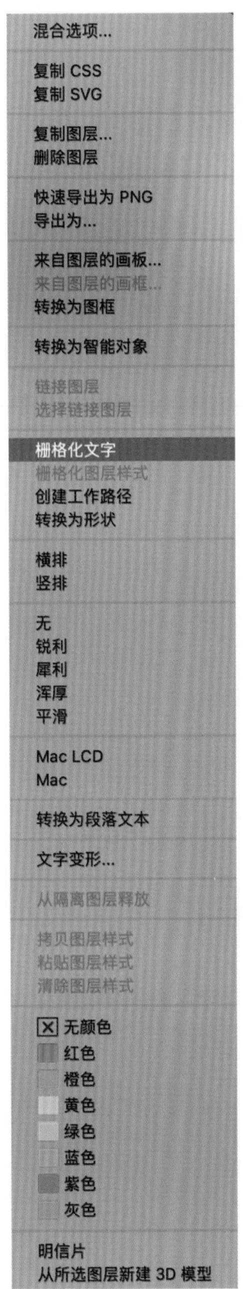


图 2-40

除了强大的图片处理功能之外，PS还拥有非常强大的文字编辑功能，甚至能够将文字转化为图片，做更加细致的加工。

首先，你需要在左侧工具栏找到 。这个T字符号工具，也就是文字编辑工具。选中这个工具之后，直接点击图层，PS就会自动生成一个单独的文字图层。

此时，你就可以开始任意编辑文字内容，并可以在顶部菜单栏选择调整字体、字体大小、字体颜色等，编辑完成后，在 中选择勾选即可确认本次编辑内容。

这时你会发现，我们之前编辑的文字内容都可以随时更改，这显得十分方便。在日常使用的过程中，我们也需要将文字转化成图片，使其固定下来，变成一组排列的像素点，这就是我们通常所说的“栅格化”。

具体的操作过程是找到相应的文字层→单击右键→栅格化文字，见图2-40。栅格化之后的文字实际上变成了一张图片。

为什么要这样处理文字呢？一般是因为我们想要选取这行文字的外形轮廓，做出特效字体或做一些复杂的渐变效果、镂空等。此外，还有一种比较常见的情形，是为了分享文件。

当你需要将PSD格式的文件分享给朋友时，你在文件中使用的字体实际上装在你的电脑字库中，当你不确定你的朋友是否拥有该款字体时，你就可以将文件中的文字转成图片格式。一旦你这样做了，就可以保证文件中的字体效果在另外一台电脑上也能完整显示。由此可见，对文字进行图片化（栅格化）的处理不失为一种比较好的解决方法。

# CHAPTER

# 3

## 如何制作一份

## 海报 / 宣传单页 / 封面

通过前两章的介绍，相信大家都对PS有了初步的认识。从这一章开始，我们就从实战着手，学习简单快速的画面解决方法。

在此，我需要向大家提前说明的是，为了免去大家记忆庞杂的菜单栏中的麻烦，也为了提高大家对PS的使用速度，在今后的教程中，我会向大家推荐各种各样的快捷键。

根据快捷键使用频率的高低，我会将之标注成不同的颜色，黑色表示一般，绿色表示高频使用。为了提高PS软件的使用效率，在此，我强烈推荐大家将常用的快捷键进行背诵。

除了快捷键，为了能让PS为我们的日常工作带来便利，我也会向大家科普一些构图、排版和配色的小技巧。相信日后你无论走到哪里，无论是用PS还是PPT，这些小技巧都会让你的画面更加出类拔萃。

# 3.1 制作一份海报，从构图开始

很多人向我咨询：怎样才能快速地让画面变得好看？

作为一个设计师，我的回答是：构图。

在自然界中，我们可以发现许多“美”的生物的一大特征就是轴对称或中心对称，譬如蝴蝶的翅膀、花瓣、绿叶等。这些对称的图形，往往给人一种舒适和平衡之感。而工作中画面的对称，并不意味着完全一致。更多的时候，可以将之理解成元素的对称。如图3-1所示。

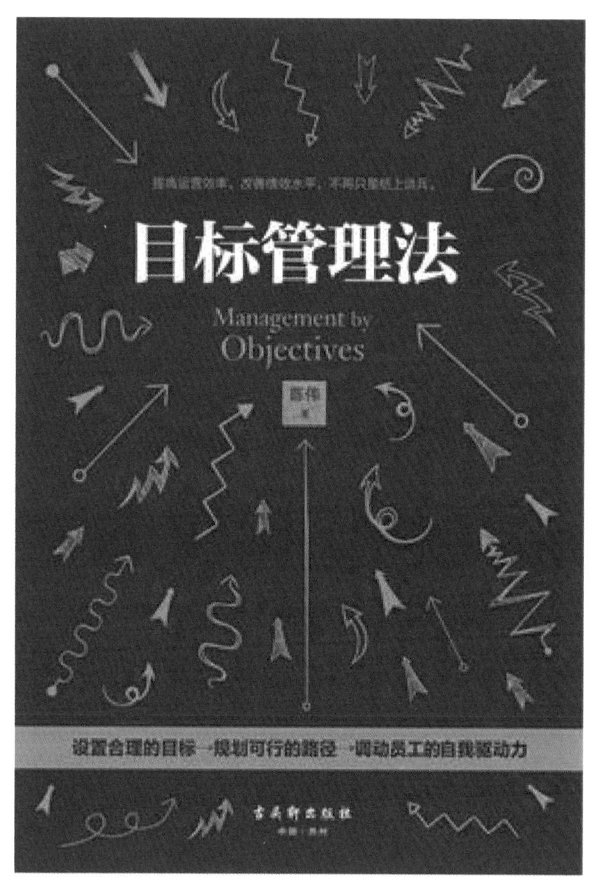


图 3-1

这本书的封面元素左右对称，指向明确。四周的元素都紧紧围绕着标题，显得十分切题且极具力度感。标题、作者、广告语、logo形成了一条中轴线，如果将画面按照这条中轴线对折，左右两侧的元素几乎可以做到完美的重叠。

但仔细观察，你可以看到，这里的左右对称并不是完全重合，而是有一定的位置变化——这样做的目的是使画面不枯燥单调，以便增强画面的可观性。

说了这么多，下面就让我们一起来实操吧！

## 3.1.1 一起尝试来做一张海报

你朋友的意式披萨店最近开张了，试营业期间，披萨免费畅吃，欢迎顾客品尝！如果你要为这次免费畅吃的活动设计一张微信海报，你应该如何操作呢？

图3-2是我给出的一张答卷。

下面，让我们一起来复盘这张答卷，也欢迎大家在演练的过程中融入自己的想法，做出更好的作品！

第一步，回顾一下，之前讲过的关于如何创建画板的知识点。

因为是用于微信传播，我们将画幅设置为1242×2208 像素，因为用手机展示，我们选择72dpi精度以及RGB的色彩模式。

在此，我来补充一个小知识，如果你忘了手机屏幕的尺寸，没关系，在新版的PS软件中，你可以直接找到常见的预设尺寸，譬如移动设备下有iPhone X及iPhone 6/7/8（Plus）的尺寸预设，如图3-3。

图 3-2

图 3-3

创建完画板，你可以在网上找一张现成的意式披萨图，最好是不带背景的PNG图片，这样就免去了抠图的烦恼。

下载后，请单击图层面板中的 图标新建一个图层，并将素材拖入画板，按住快捷键“Ctrl+T”（MAC 系统为“Command+T”）调整大小，并在图片的适当位置添上一句“试营业当天，披萨免费畅吃，欢迎品尝”的文案。

现在，你看到的效果如图 3-4 所示，像这种文字与图形上下排布的方式，称为垂直构图。

图 3-4

看上去有些不美观，不过没关系，我们可以在这个基础上进行美化。

首先，把鼠标指向背景层，运用快捷键 M 框选出整个画面，用油漆桶（快捷键 G）倾倒黑色油漆，然后按住快捷键“Ctrl+D”（MAC 系统为“Command+D”）取消选区。

其次，把鼠标移回文字层，点击文字工具或者快捷键 T，把文字修改为白色。

与此同时，我们要将最能吸引顾客目光的宣传语“披萨免费畅吃”放大，以达到突出信息重要性的目的。在文字编辑状态下，你可以通过顶部菜单做字体的调整工作。

我个人倾向于选择开源字体——思源黑体。然后，我要将中间的重点信息设置为 blod 模式，让上下两行字保持 regular 模式不变。

如果你觉得行距窄了，可以在编辑模式下选中想要拉宽行距的文字，按住快捷键“Atl+ ⬆”或“Atl+ ⬇”（Mac 系统为“Option+ ⬆”或“Option+ ⬇”）来调整行距。当调整完成后，请按 ESC 键直接退出编辑模式。当这些操作全部完成后，你将收获图 3-5 所示的画面。

图 3-5

为了让文字变得更好看，我们可以做一些辅助性的修改。首先，新建一个图层。其次，使用选区工具在新图层上画出一块小小的矩形，如图 3-6。

图 3-6

再次，你可以使用油漆桶工具（快捷键G）给这个矩形框涂上白色。接着，按住快捷键“Ctrl+D”（MAC系统为“Command+D”）取消选区。之后，你就拥有了一个辅助图形。你可以直接拖拽这个只有一个白色小色块的图层到 ，复制出一层一模一样的图层出来，这时，你右侧的图层面板中应该如图3-7所示。

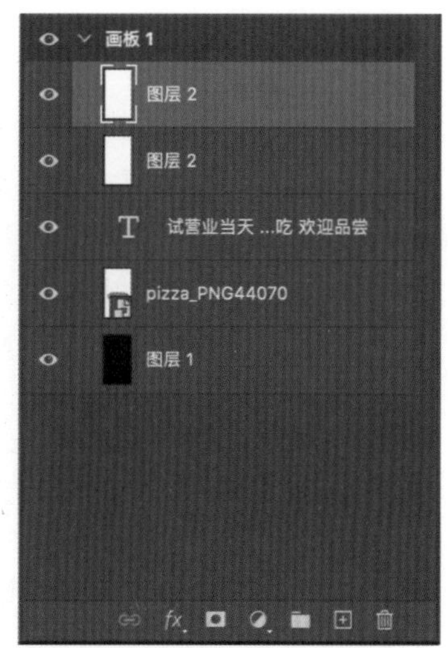

图 3-7

使用直接选择工具 ，并拖动其中的一层，或按住Shift+ 快捷键，平行拖动其中的一层矩形色块到右侧，你就会获得一个对称的矩形色块，如图3-8。

图 3-8

按住Shift键，你可以同时选中这三个图层，按快捷键“Ctrl+G”（MAC系统为“Command+G”）为这三个图层编组。然后，你就可以统一调整这三个图层了。

为了让图层更具有辨识度，你可以用鼠标左键双击图层，以便于更改图层的名字。比如这一层是上方的文字内容，就可以将它命名成“上方文字”。命名后的编组图层添加如图3-9所示。

图 3-9

这时候，海报的基本信息都已经有了。但作为一幅海报，还存在一些不完整的地方，这时我们可以在图形的上方或下方添加一些小文字/小图标，与中心广告语进行呼应。

当然，值得一提的是，为了能让客户一眼分清主次，在添加这些辅助性的文字时，你必须保证广告中心语信息足够清晰明确。这是一个需要反复调整的过程，不要嫌麻烦，要多比较、多尝试。

有了这些文字信息，既做到了画面平衡，又极大地丰富了内容。但圆圆的披萨实在太像一个封闭的椭圆形了。在视觉上，我们需要尽量避免画面的主体是这样的封闭图形，否则必然会导致画面沉闷、死板。

于是，我们可以为这个披萨加上一个印章。为此，我选择了直接从网上下载透明底的PNG格式图片。

新建一个图层，用鼠标拖拽PNG图片，按快捷键“Ctrl+T”（MAC系统为“Command+T”）来调整大小，使得画面略微倾斜，让印章压住披萨的边缘。

这里请大家务必注意，在PS软件里，图层在最上层，如果没有设置特殊的混合模式效果，一般在画面表现中也处在最上层。要让印章压住披萨，在最初创建图层时就需要在披萨照片的上层。不过，如果你建错了图层，也没有关系，用鼠标左键选中图层就可以直接拖动。

加上了这个印章，内容变得更加丰富了，但还缺乏一丝氛围，如图3-10。在这里，我们可以为披萨添上桌子和餐厅的背景。于是，我在网上下载了图3-11这样一幅图片。

图 3-10

图 3-11

在最下面新建一个图层，接着拖入这张素材，按快捷键“Ctrl+T”（MAC系统为“Command+T”）来调整大小。

图3-12是调整完的效果。此时的画面给人的感觉是，背景太强烈了。针对这个问题，我们可以像之前处理多余的蓝色一样，采用蒙版加渐变的方式，削弱背景中窗户的存在感。

具体操作过程是，首先选中背景图片所在的图层，用鼠标单击图层面板中的蒙版按钮 。这时，你会获得一个空白的蒙版层。单击蒙版层，使用快捷键M 操作矩形框选工具，选中整个画面。

使用从黑到白的渐变削弱一部分背景。这时，你会觉得渐变有点强烈。你可以在顶部菜单找到透明度的选择工具，通过调低透明度使渐变的效果削弱。此处的数值默认为100%，一旦调到0%，就会变成完全不可见。我选择调到了18%，当然，你也可以将数值拉到最低。通过逐步尝试，你可以建立起对透明度的概念和认知。

图 3-12

如果你想退回到上一步操作或退回前几步操作，既可以选择历史记录工具，也可以选择使用快捷键“Ctrl+Z”（MAC系统为“Command+Z”）退回上一步。

将背景调整到你觉得合适的程度后，按快捷键“Ctrl+D”（MAC 系统为“Command+D”）取消选区，再用鼠标单击 切换回移动工具。最后单击回到图层，退出蒙版状态。

此时，你的画面中已经有了餐桌，但作为开业海报，似乎还少了一点星星点点的闪光氛围（如图 3-13）。

图 3-13

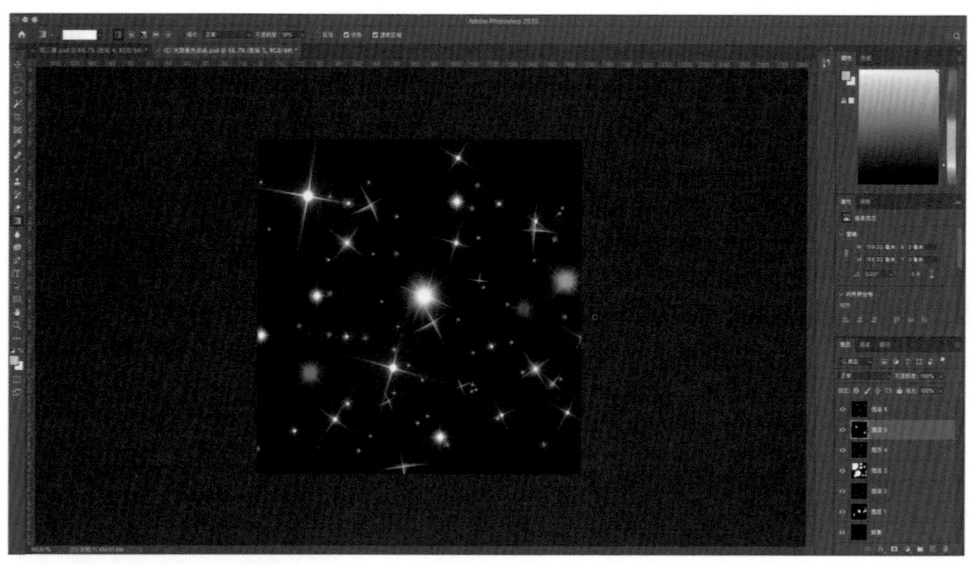
图 3-14

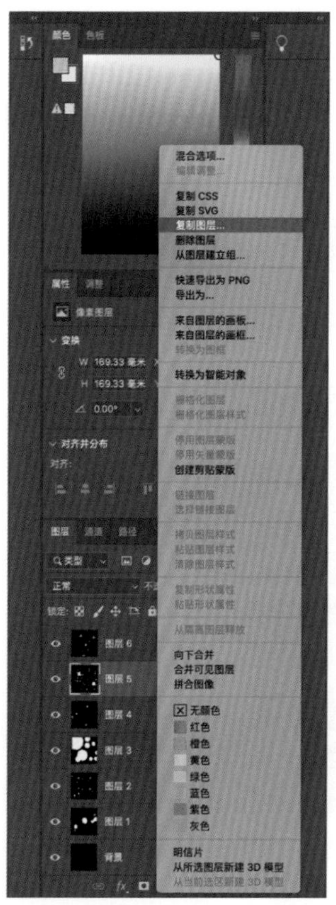

图 3-15

你可以从网上直接找到类似光效图层的 PSD 源文件（如图 3-14），通过点击图层边上的眼睛符号，开启和关闭图层，确认自己想要的素材具体在哪一层。确认后用鼠标右键单击图层，在弹出的列表中选择复制图层（如图 3-15）。

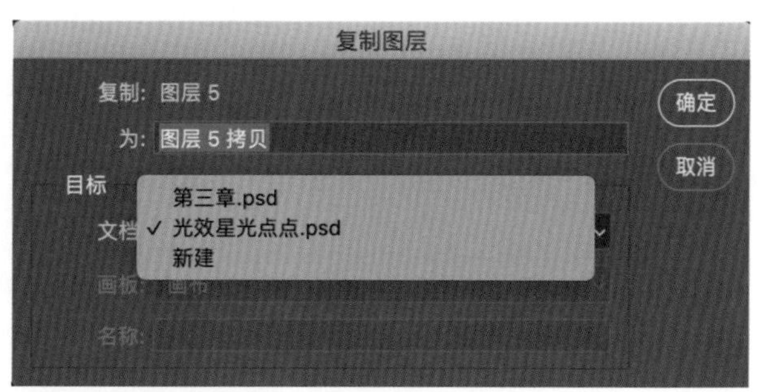

图 3-16

将复制到的素材拷贝到你的目标文件中，如图 3-16。长按拖拽调整图层顺序，将我们刚刚导入的星星图层放在最顶端。

画面上是一组白色的星星，为了让它有暖暖的色彩感，我们可以为它加一个“纯色”的图层蒙版。我们之前为一张风景照添加过蓝色的图层蒙版。在此，我们可以用相同的技巧，为星星图层增加一层黄色的梦幻效果。

首先单击图层面板中的 ，在弹出的列表中选择第一项——纯色。系统此时会跳出拾色器窗口，我们选择黄色。

这时，你一定会发现，整个黄色的图层将之前的画面全部盖住了。你可以按住 Alt 键（Mac 系统为 Option 键），然后将鼠标附在黄色图层上。这时，你的鼠标会变成一个向下的箭头，单击，你就能获得一个只对下一图层产生作用的剪切蒙版。当然，你也可以选择使用快捷键，请按下“Alt+Ctrl+G”（MAC 系统为“Alt+Command+G”）来增添这个图层蒙版，如图 3-17。

图 3-17

一般，做到这一步，画面就已经非常完整了。但在这里，我还希望向各位介绍 PS 中的另外两个功能。

请大家在披萨的图层上新建一个图层。然后选择钢笔工具 。

在上一章中，我们提到过矢量图和位图的概念。在通常情况下，我们一般会更多地处理位图，那么 PS 的矢量功能到底有什么用呢?

在此，我来介绍第一个常用的功能——运用钢笔工具勾画一些特殊的形状。比如，为了给披萨海报制造出一种灯光从侧面打过来的感觉，我用钢笔工具在空白图层上勾画了一个三角形（如图 3-18），请注意这个三角形一定是封闭图形。

在路径窗口下（如图 3-19），单击下方的按钮，选择将封闭的路径转化为选区。之后，点击回到图层面板，为它添上一个渐变色。

此时的画面效果如图 3-20 所示。

图 3-18

图 3-19

图 3-20

接下来，使用我们最常用的快捷键“Ctrl+D”（MAC 系统为“Command+D”）来取消选区。目前的图形边缘太清晰，和我们想要的效果不符。我们可以在菜单栏中使用“滤镜→模糊→高斯模糊”来进行适当调整（如图 3-21）。

你会发现，经过模糊处理的浅黄色色块就像是一束浅浅的灯光，为眼前的披萨带来了一阵暖意。

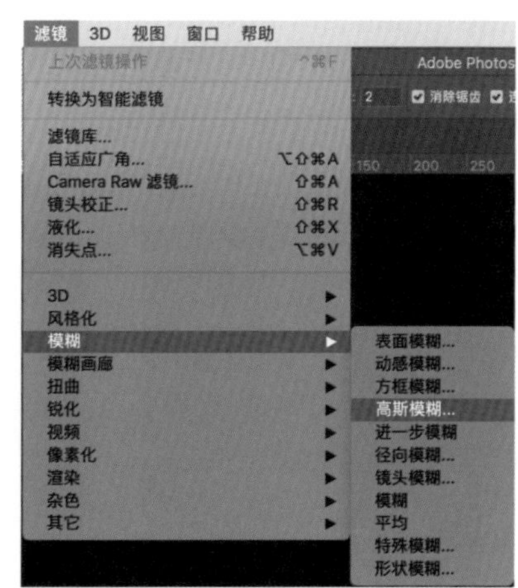


图 3-21

最后，总结一下这个案例，我们学习并使用了以下这些快捷键。

> Ctrl+T（MAC 系统为 Command+T）：调整大小
>
> Ctrl+D（MAC 系统为 Command+D）：取消选区
>
> Ctrl+Z（MAC 系统为 Command+Z）：返回上一步
>
> Alt+Ctrl+G（MAC 系统为 Alt+Command+G）增加图层蒙版
>
> 油漆桶（快捷键 G）

希望大家都能将经常使用的快捷键牢记于心，这样做图才能事半功倍。

刚刚，我们做的例子其实是一个典型的垂直构图。在大部分节日或节气的热点图里，我们经常可以找到这种构图方式。垂直构图除了能够使文字清晰表达，还能够产生一种对比或类比的效果，比如图 3-22 这张海报。

图 3-22

## 3.1.2 倾斜构图

除了垂直构图，还有第二种构图方式——倾斜构图。倾斜构图，你可以把它理解成“对角线”，比如图 3-23 这幅海报。

通过连接对角线，我们可以发现文字和重要产品大致分布在对角线的两边，形成了一种“连点成线，文字下沉”的效果。

在突出主体的同时，它还呼应了其他一些辅助元素，譬如地上的影子、线条等。这些元素丰富了画面，但和路障这个主体相比，依旧有非常明确的从属关系。

其实，这种构图方式不仅在文化类海报中被使用，当我们需要介绍人物活动时，也会用到这种构图方式，比如图 3-24 这张海报。

图 3-23

图 3-24

你会发现，除了标题之外，其余文字的层级大体相同，几乎没有非常明显的前后从属关系。如果采用上下构图的形式，势必也会让画面中的二级信息过多、过乱。

但采用了倾斜构图后，让人的视觉着重于人像，其次是主标题——当代摄影：人与影之歌。

这位设计师匠心独具，将辅助的信息变成了可以用于美化画面的元素，用于补充画面的形式感。

## 3.1.3 左右构图

第三种常见的构图形式叫作左右构图，一般将版面的左右两侧设置为文字和图片，图 3-25 所示就是一个典型例子。

如果说对角线构图适用于时间、地点等零散信息的综合有序排布，那么左右构图（左图右文 / 左文右图）的形式就更适用于展示大段说明性的文字，这也是日常 PPT 排版中比较常见的一种图文呈现方式。

我们将信息进行分类、归纳，使之各有侧重点，能够提高信息的传达效率，并且通过图形化的文字可以提高画面的美观程度。当然，如果你的文案内容特别多，也可以通过将文字拼接成不同的形状，主动解决画面的布局问题。

图 3-25

## 3.1.4 S 形构图

第四种构图叫作 S 形构图，有人也把它称为 Z 形构图。我们首先来看一个具体案例。

图 3-26

S 形构图最初起源于一种风景画的构图方式。画家通过在画面中放置一条弯曲的河流，来打破画面的单调性。

之后，这种构图方式逐渐被延续到了海报的制作当中，图 3-26 就是巧妙的将云与山的角度相协调，形成一个之字形，这时你可以在近处草地的位置放上我们的文字，完成信息的传达。

**这种构图的优点在于：**

❶ 视觉冲击力强　　❷ 形式感强

同时，它也有天然的弱点，那就是它无法承载大段的说明性文字，只能表达有限的文字信息。在这种情况下，我们可以将文字处理成如图 3-27 所示的这种蜿蜒曲折的形状，来提高信息的传递效率。

图 3-27　　图 3-28

更多的时候，我们会选择采用几个同一层级的元素来搭建这个蜿蜒的 S 形。如果主体是采用图片搭建出的 S 形，文字说明信息就可以考虑放在图片的左右两侧，以平衡图片带给纯色空间的不稳定感。更为重要的是，通过这种方式，也克服了信息传达有限的困难。

在一些优秀海报案例中，你可以看到，设计师会将底纹制作成 S 形的构图形式，随后在上方再依次罗列文字（如图 3-28）。虽然只是简单的排布，但由于有了这种变化性的底纹，视觉上不会让人感到单调。

到目前为止，我们已经讲解了最常见的四种构图方式，也带大家一起实践了一张海报的制作过程。但事实上，在大多数实际设计过程中，我们会综合运用这四种构图方法。很多时候，你根本无法明确界定某一具体的画面属于哪一种构图。

如图3-29这张海报，你既可以将其看成对角线构图，也可以将其看成上下构图，其中并没有明确的区分界定。其实，无论是书的封面、海报还是微信宣传画，在构图上都是通用的，如图3-30这张海报。

图3-29

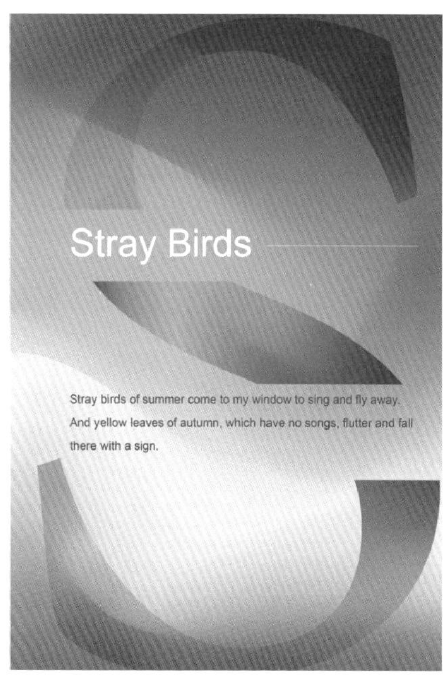


图 3-30

三个笔画的撇钩正好构成了一个S形，贯穿了整张海报。反白的文字则穿插其中，使得画面看上去含蓄而更有美感。

在有些例子中（如图 3-31），我们会使用蒙版工具，先做出 S 形构图中蜿蜒曲折的轮廓形状。通过这些精心布局的图形，我们可以打破全是文字或纯色文字带来的沉闷感。

对于很多刚刚学习PS的读者来说，这张海报虽然看上去好看，但做起来似乎非常难，我完全不知道应该如何制作一幅类似的海报。但实际上，这幅海报中涉及的所有技巧，我们之前都练习过了。现在，让我们一起重温一下其中涉及的内容。

首先是 S 形构图中蜿蜒曲折的轮廓形状，我们可以从外部找一些好看的轮廓线条，使用钢笔工具进行描摹，随后将钢笔的矢量路径转化为选区。接着回到我们事先已经找到的图片图层，对图片进行蒙版操作，点击蒙版按钮即可。完成蒙版后的图形也可以根据你的需求做一些微调，比如你可以按住快捷键“Ctrl+T”（MAC 系统为“Command+T”）来调整大小。在另外的图层上，你可以依次使用文字工具（快捷键 T）写上相关的文案，并为其选择合适的字体和字号（如果你对此依旧不甚了解，请扫描图 3-31 的二维码观看视频教程）。

图 3-31

在很多书封和海报设计中，还有一种常用的表现形式——左右对称。这其实属于左右构图的一种，只不过不再是一边是文字，一边是图片了，而是两张类似的图片，仅仅是左右相对。

比如这张海报（如图 3-32），这种效果是怎么做到的呢？

答案是运用图层。

在之前的课程中，我们知道将一个现有的图层拖拽到 ⊞ 上时，可以复制这一图层。利用这个功能，按快捷键“Ctrl+T”（MAC 系统为“Command+T”）进入编辑状态，随后对画面进行拖拽、放大、缩小或是倾斜调整，最后加上文字信息内容，一张效果不错的海报就完成了。

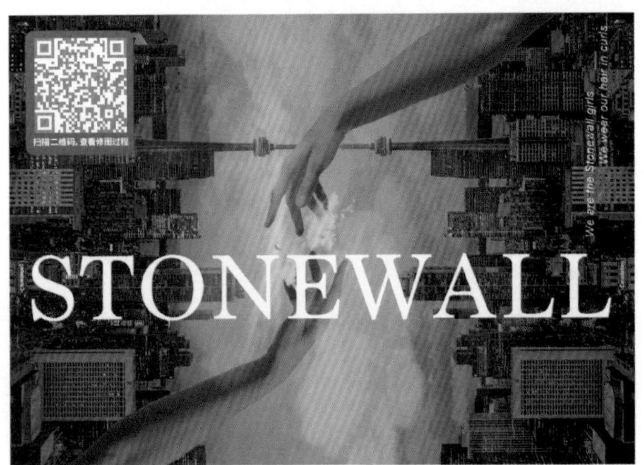


图 3-32

# 3.2 配色

了解了构图，复习了蒙版和复制图层的功能，现在我们来讲配色。

之前，我们提到了无论是 RGB 色彩模式还是 CMYK 色彩模式，其本质都是同一种显色模式，关于如何配出好看、和谐的颜色，我提供以下几种思路。

## 3.2.1 使用现成的配色表

通常而言，这些配色表的系列色都来源于自然的风景呈现。正所谓设计的灵感来源于外部的自然世界，世界上最大的彩色颜料公司潘通公司每年都会公布一组年度色彩，你可以在他们的官网上发现各种各样从自然界中获取灵感的图片。

通常，你也可以在网上找到这些颜色的 RGB、CMYK 或“#”号开头的数值，基于之前的学习，我们可以知道这个数值其实是你所见的这个色彩的数值化定义。

这就是最简单的方法，找一张参考配色表，然后照着它设置就行了！

由于使用场景的限制，你找到的参考值往往并不能直接使用。很多时候，还是需要我们自己搭配，这应该怎么办呢？

## 3.2.2 使用参数控制颜色纯度

以 CMYK 为例，其实指的是某一种具体颜色是由这四种颜料混合而成的。但凡用过颜料的人应该都知道，一个颜色所包含的基础色越多，这个颜色越“脏”，同时也意味着这个颜色饱和度低、纯度低或是明度低。

试对比图 3-33 和图 3-34 中上半部分的两种红色。

很多人对这两种颜色的感觉并不太明确，但似乎上面的红色更鲜艳。如果是这样，那么请对比图 3-33 和图 3-34 中下半部分的两种蓝色。

图 3-33

图 3-34

是不是觉得两张图几乎相同？让我们一起来看一下这几种颜色的 CMYK 数值。

| 鲜红：C=0 M=100 Y=90 K=0 | 深红：C=50 M=100 Y=90 K=0 |
|---|---|
| 浅蓝：C=100 M=10 Y=0 K=0 | 深蓝：C=100 M=90 Y=50 K=0 |

前两种，我们觉得比较清爽高纯的颜色都有一个共同的特点。它们通常只由两种基础色混合而成，而相对复杂的颜色，则通常是由三种基础色混合而成。

那么，利用这个规则，如果你想做一张清爽夏日风的海报，则可以尽量选择这种只有两种基础色甚至只有一种基础色的颜色做底色，比如只选择C（青），或者只选择CY（青黄）混合的颜色，再加上一点夏日元素。之后，在海报上加上人物，加上标题文字和小注释，一张清爽风的海报就完成了。

反之，如果你想做一张复杂的、具有恐怖悬疑风格或者深沉的解谜主题的海报，那就可以适当选择由三种基础色调混合而成的混合色。

比如这三种颜色，分别来自《月球旅行记》（图3-35）《仙女国》（图3-36）《警察》（图3-37）这三部电影的图片。通过使用吸管工具，我们可以大致了解它的背景色的数值（详见图3-38和图3-39）。

图 3-35《月球旅行记》

图 3-36《仙女国》

图 3-37《警察》

你有没有发现共同点?

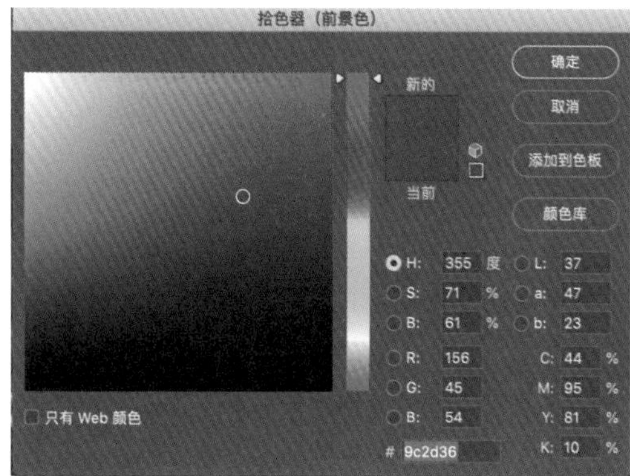


图 3-38

图 3-39

图 3-40

没错，除了都由三种颜色混合而成这一点以外，其实三种颜色的成分都很高。不少地方都叠加了黑色，给人的视觉冲击力非常强烈，这就是混合色彩的魅力（如图 3-40）。

## 3.2.3 巧用吸管工具

很多朋友说，我既不愿意找现成的色卡去匹配颜色，也不愿意自己研究参数去搭配颜色，我看到别家的海报上颜色搭配得好看，想要快速学习，这应该怎么办呢?

那就用吸管工具吧!

相信很多人都对这个工具有或多或少的了解，接下来，让我们详细讲讲这个工具的优缺点！在左侧的工具栏中，有一个形状的图标，这就是吸管工具。

你只需要将任意一张你看中的海报拖入 PS 软件中 ，点击吸管工具，在你中意的颜色区域取色。

这时候，你会发现你的前景色已经发生了变化。没错，试着双击前景色，你就能打开一个色彩窗，看到这个区域具体的颜色是什么样了。是不是非常方便? 确实，用吸管工具，简单快捷。

但吸管工具取色也有一个非常大的问题，即颜色饱和度会低。我们可以做一个尝试。

图 3-41

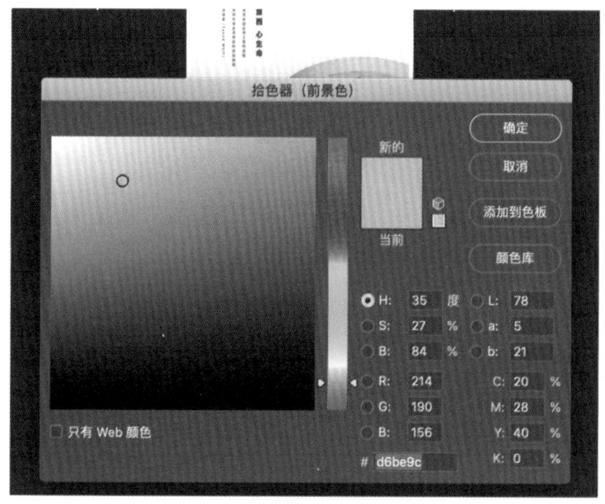


图 3-42

比如这张海报图片（如图 3-41），把它拖入 PS 软件中，通过点击吸管工具，我吸取如左图海报的墙壁部分的颜色，然后双击前景色查看具体色彩数值（如图 3-42）。

你也可以选择其他亮色部分或多试几个地方。这时你会发现，大部分时候，你吸管取色取到的几乎都是三四种颜色的混合色，一个明亮的黄色用吸管吸取时，有时也会含有一部分的黑色。

没错，这就是吸管工具的通病。由于系统会对取色区域做一个评估，但大部分海报的颜色都比较复杂，转存或从网上下载的图片往往是多种颜色的复合。即便有了吸管工具，你还需要自己动手给这个颜色做一些微调，根据你的需要手动去掉一些杂色，比如去掉红色中的蓝色或去掉黄色中的黑色等。那么如何根据大致的色系来判断，你应该去掉哪一种多余的颜色呢？

这就不得不提到补色的概念了。相信很多人都曾经见过图 3-43 的色环。在这个色环上，我们可以看到红色的对面是绿色，黄色的对面是紫色，蓝色的对面是橙色……我们把这两种相对的颜色称之为补色。

在 RGB 模式下，补色交织呈现的是白色；而在 CMYK 色彩模式下，补色交织则会呈现黑色，也就是我们所谓的“脏色”。

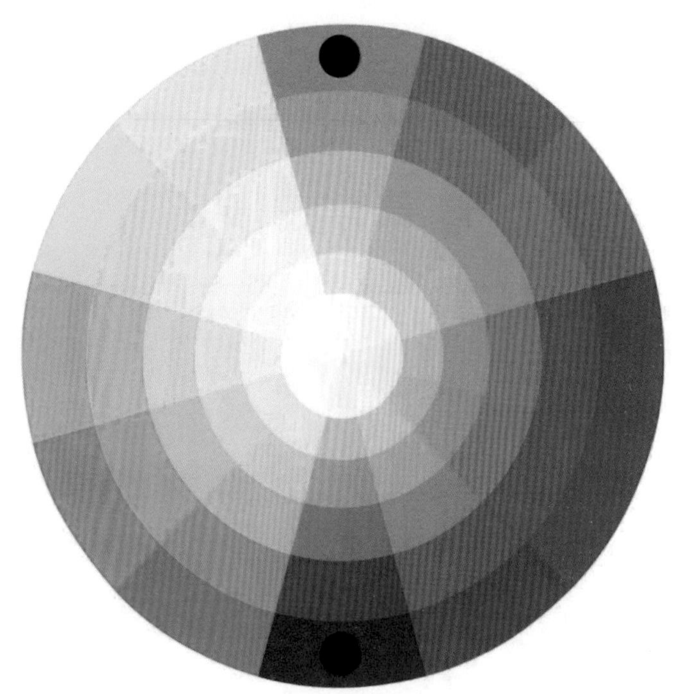


图 3-43

因此，当我们想要去除多余的颜色，简单来说，即是我们想要追求颜色的补色。

如果在开始时对自己的调色还不够自信，就可以根据补色原理来适当地调整。很快，你就能总结出一套自己喜欢的配色习惯了。

# CHAPTER

# 4

## 常见需求

## ——如何制作抠图（并正确保存）

# 4.1 四种常用的抠图方法

抠图是大部分人使用和学习PS的主要目的，今天，我就来讲讲四种常用的抠图方法。熟练掌握这四种抠图方法，你就可以解决日常生活中 99% 的抠图问题。

## 4.1.1 魔棒抠图法

魔棒抠图是新手入门的第一技能，其诀窍在于取同色。当你点击某个区域的颜色时，软件就会自动获取与该区域相同的颜色，使它们处于选择状态。

图 4-1

其具体操作是，将你需要处理的图片拖入 PS 软件中，在左侧工具栏中选择魔棒工具。使用魔棒工具后，你可以在上方菜单中找到“容差”值调整选项，容差越大，取色的兼容度就越大。容差在默认状态下一般显示为 0，在具体使用中，你可以多次尝试取色，不断地总结经验，如图 4-1 就是容差为 10 的选取范围。

如果你不满意魔棒建立的选区，可以按住快捷键“Ctrl+D”（MAC系统为“Command+D”）取消选区。然后用魔棒工具重新建立选区，选择完成后，按“Shift+Ctrl+I”快捷键反选，再按 Delete 删除选中的内容。

另一种方法是，你可以单击蒙版，直接遮挡住不需要的部分，再使用画笔工具涂抹进行微调。选区完成之后，也可以在菜单栏中找到“选择→反选”。这时候，你就会发现你的选择和先前的完全颠倒，你只需要直接删除即可。

相较而言，使用蒙版具有再调整的空间。通常，我会建议大家建立蒙版，以便进行选区的再编辑。

采用魔棒抠图可以解决背景色色差明显、背景色单一、图像边界不清晰之类的主体图片问题，但对散乱的毛发，或者对边缘有比较细致要求的图片，往往抠图效果不佳。

这种时候，我通常会采用钢笔抠图法。

## 4.1.2 钢笔抠图法

在左侧的工具栏中，我们可以找到钢笔工具。所谓钢笔抠图法，就是采用钢笔工具将你所需要保留的图像主体进行描边抠图。在之前的章节中，我曾经提及关于矢量图和位图的概念，事实上，这里钢笔在图形上描边所产生的“路径”就是矢量路径。那么，具体应该怎么操作呢？

首先，单击图像主体边缘的任意一个点，确定第一个锚点（起点），然后顺着图像边缘再单击确定另一个点。这时，一段路径就确定了，依次点击新的锚点，直到路径闭合。

这时，你会发现单击所产生的路径线条都是直线，那么如何才能画出一条曲线？

其实很简单，在确认第二个点时，按住鼠标左键并进行拖动，所产生的路径就会是具有一定弧度的曲线。

值得一提的是，在使用钢笔工具绘制路径的过程中，如果你对某一个锚点不满意，可以随时按住快捷键“Ctrl+Z”（MAC 系统为“Command+Z”）返回到上一步，以便重新绘制。需要特别注意的是，采用钢笔绘制的路径最终必须形成一个闭合路径。所谓闭合路径，即终点必须与起始点首尾相接。

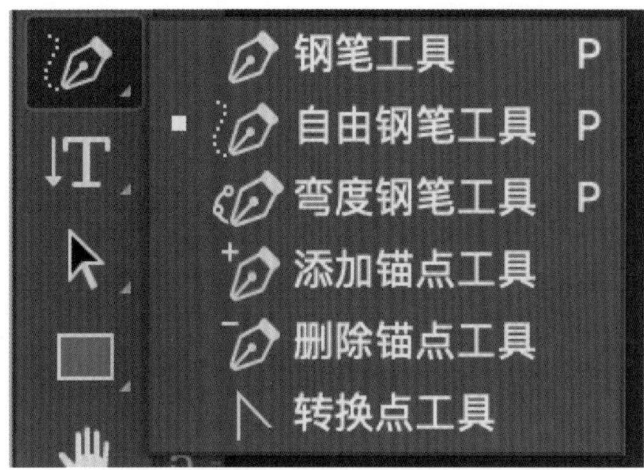

图 4-2

图 4-3

如果在形成闭合路径之后，还需要单独调整某个锚点，你可以使用自由钢笔工具或转换点工具进行微调，如图 4-2。如果在调整过程中，你有任何不满意，依然可以按住快捷键“Ctrl+Z”（MAC 系统为“Command+Z”）返回上一步进行操作，或是利用历史记录返回到上一步。

当你画完这个闭合路径之后，就可以在路径面板右下角中找到路径。然后点击选区工具，将路径转化为选区（如图 4-3）。

刚刚，我们针对需要保留的对象进行了描边，之后就需要进行“选择→反选”，将选区转换为背景后直接删除。当然，你也可以单击蒙版，直接遮挡住不需要的部分，再使用画笔工具涂抹进行微调即可。

在日常生活中，魔棒 + 钢笔工具几乎可以解决大部分抠图问题，但还有特殊情况，在面对人物、动物或具有大量树叶的图片时，我们应该如何快速完成背景分离工作呢？这就要提到另一种抠图法了。

### 4.1.3 通道抠图法

如何将头发从背景中分离出来？以图 4-4 中女子的照片为例，我们进行一次抠图。

这位外籍女子身穿驼色大衣，有大量碎发与背景高度重叠，如果使用钢笔抠图法很难达到想要的效果，这时候我们就需要采用通道抠图法。

图 4-4

图 4-5

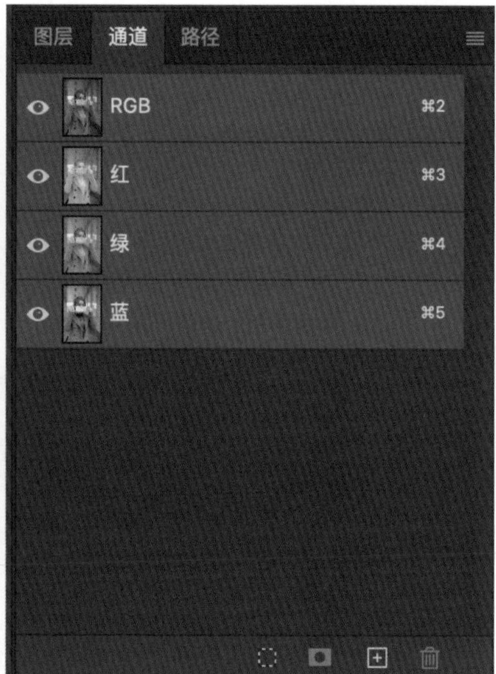


图 4-6

**Step1** 将图片拖入 PS 软件中，图片默认为背景层。

**Step2** 按住鼠标左键，将背景图层拖拽到右下角的 ⊞ 图标处，复制一层。这一步非常关键，方便在后期操作失误时，随时找回原始图层（如图 4-5）。

**Step3** 单击通道栏，进入后，你可以看到这样四个通道，分别是 RGB 三色叠加、单一红（R）、单一绿（G）、单一蓝（B）通道（如图 4-6）。这时候，你可以选择关闭眼睛按钮，看看在这张图中，单一的色彩分别起着什么样的作用（如图 4-7、图 4-8、图 4-9）。

woman-wearing-face-mask-3902882.jpg @ 25% (背景 拷贝, RGB/8) *
颜色 色板
属性 调整
像素图层
变换
W 1411.11 毫米 X 0 毫米
H 2116.67 毫米 Y 0 毫米
0.00°
对齐并分布
图层 通道 路径
RGB
红
绿
蓝
25%
文档:68.7M/137.3M

图 4-7 红版

woman-wearing-face-mask-3902882.jpg @ 25% (背景 拷贝, RGB/8) *
颜色 色板
属性 调整
像素图层
变换
W 1411.11 毫米 X 0 毫米
H 2116.67 毫米 Y 0 毫米
0.00°
对齐并分布
图层 通道 路径
RGB
红
绿
蓝
25%
文档:68.7M/137.3M

图 4-8 蓝版

图 4-9 绿版

图 4-10

你可以反复关闭单一通道，对比这三个版本，选择与周围的环境对比最明显、颜色较统一、边缘最清晰的一张。

首先，我放弃了红版。因为在红版中，女子的头发与背景十分接近，这显然不符合与背景具有一定差异、边缘清晰的要求。

其次，在对绿版和蓝版的挑选中，我选择了蓝版。原因在于相比绿版，蓝版的对比更强烈，符合边缘清晰的要求。

最后，我们拖动蓝版到右下角的 ⊞ 图标处，复制一层。于是，我们拥有了“蓝拷贝”图层（如图 4-10）。

这时，可以从菜单栏中选择“图像→调整→色调分离”。往往色阶越多，意味着灰度越多。我们可以选择分离成2种色阶，或4种色阶，如图4-11。

图4-11

在完成这一步后，我们可以看到图中人物已经处在一种奇异的黑白对比下，发丝大部分都比较清晰。

这时，我们可以利用快捷键“Ctrl+L”（MAC系统为“Command+L”）打开色阶，或选择菜单栏中的“图像→调整→色阶”命令，将色阶的两级向中间拖动，以便于让图片对比更清晰。在调整完成后，请单击确定执行操作。

这时，我们发现，女子的手部还是和背景部分混合了。此时，我们可以使用加深工具 ，将边缘画出来。如果不小心画过头了，还可以使用减淡工具 来进行填补。

值得一提的是，当处于减淡或加深工具模式下时，你可以在顶端找到范围，点击下拉列表后，看到阴影、中间调和高光三个选项。之后，你可以来回进行切换，不断地调整，如图4-12。

图4-12

在调整的过程中，随时载入选区，你就可以看到一个目前识别的选区范围。在这里，我要提醒大家，由于我们本次的处理对象主要是女子飞扬的头发，因此所有的参考标准都要以头发的分离为主，大衣等细节可留待后期调整。经过反复调整之后，你就能获得如图4-13这样的一张画面。

图 4-13

在这个画面上，我们舍弃了一些过于细微的发丝，但保留了头发大致的走向。此时，如果我们载入选区，就会获得一个类似水印画的抠图，这显然不是我们想要的效果。

为了更好的抠图效果，我们可以开始接着处理非毛发区域。

这一步，其实非常简单，请选择画笔工具（快捷键 B），将背景中的灰色部分全部涂白，然后将人物的核心区域全部涂黑，只需留下需要展现渐次灰的毛发区域即可。在涂抹完成后，图像大致是图 4-14 这样的。

图 4-14

这时，我们得到了一个带着细微毛发的选区，有了这个选区，我们就可以重新点亮之前的 RGB 混合层。带着选区切换回图层界面，单击蒙版，可以获得毛发的仔细抠图。

值得一提的是，在很多网上的教程中，为了让主体保持较浅的颜色，往往在调整完色阶之后，还会额外执行快捷键“Ctrl+I”( MAC 系统为“Command+I” )进行反色操作。在以上例子中，由于人物的毛发已经与背景分离了，就不需要反色这一步了。

接下来，我们可以一起来看几张图。根据图片判断这张图应该如何抠取人物，并判断涉及几种抠图方法的综合运用。

Q&A

Q：如何对图 4-15 中的黄衣女子进行抠图?

A：她的大衣有明确边缘，适合选择钢笔工具进行抠图。她有细小而飞扬的发丝，需要使用通道抠图法进行处理。

图 4-15

Q&A

Q：如何将图4-16中的鸟从背景中分离？

A：图中的鸟有明确、清晰的边缘，只需要使用钢笔工具就可以完成。

图 4-16

Q&A

Q：如何将图 4-17 中左侧白色部分棕黑色皮肤的手从背景中分离？

A：有两种方法，第一种是，选择用钢笔抠图法，但比较费时，同时，由于棕黑色皮肤的手与背景的反差较大，更适合使用第二种方法——魔棒抠图法。

图4-17

为了更好地让软件识别背景与手的颜色，我先后尝试了将容差数值调整为 5、10、20、30 和 50 这五种情况，请注意对比图 4-18 至图 4-22 的效果。

图 4-18  容差值为 5

图 4-19  容差值为 10

图 4-20  容差值为 20

图 4-21  容差值为 30

图 4-22 容差值为 50

通过对比，我们可以发现容差数值在 20、30、50 时都能较好地识别手的主体部分。当容差数值为 20 时，手的识别区域最准确，仅有大拇指的指甲部分会有所缺失。

所以我们可以使用魔棒工具（设定容差值 20）和蒙版解决大部分的问题。你可以点击进入蒙版层，选择画笔工具（快捷键 B）单独修复指甲部分。需要特别提醒大家的是，为保证边缘清晰，要保证在使用画笔工具的时候，前景色和背景色皆为纯黑纯白。在使用画笔工具时，利用快捷键 X 可以直接切换前景色和背景色，也可以调整画笔（快捷键 B）的大小。

使用画笔工具在蒙版层上进行涂抹，就可以将缺失的指甲部分准确填满（如图 4-23）。退出蒙版层后，你可以按住快捷键“Ctrl+T”（MAC 系统为“Command+T”）来调整大小，放大或缩小到你需要的尺寸。

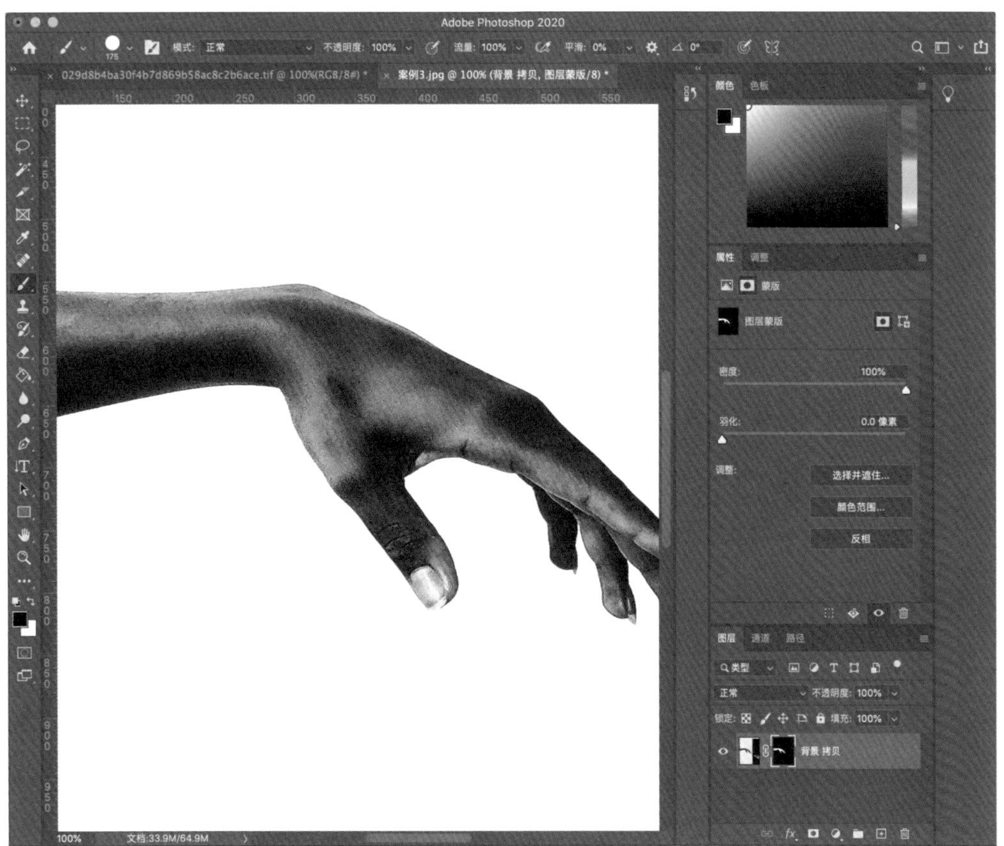
Adobe Photoshop 2020
模式: 正常
不透明度: 100%
流量: 100%
平滑: 0%
029d8b4ba30f4b7d869b58ac8c2b6ace.tif @ 100%(RGB/8#) *
案例3.jpg @ 100% (背景 拷贝, 图层蒙版/8) *
颜色
色板
属性
调整
蒙版
图层蒙版
密度:
100%
羽化:
0.0 像素
调整:
选择并遮住...
颜色范围...
反相
图层
通道
路径
类型
正常
不透明度: 100%
锁定:
填充: 100%
背景 拷贝
100%
文档:33.9M/64.9M

图 4-23

## 4.1.4 插件抠图法

前文介绍了最常用的三种抠图方法，但随着智能 AI 技术的发展，抠图变得越来越简单，有时候你面对一张复杂的图片，只需要利用一个抠图插件即可。在这里，我就以图 4-24 这个小插件为例讲解。

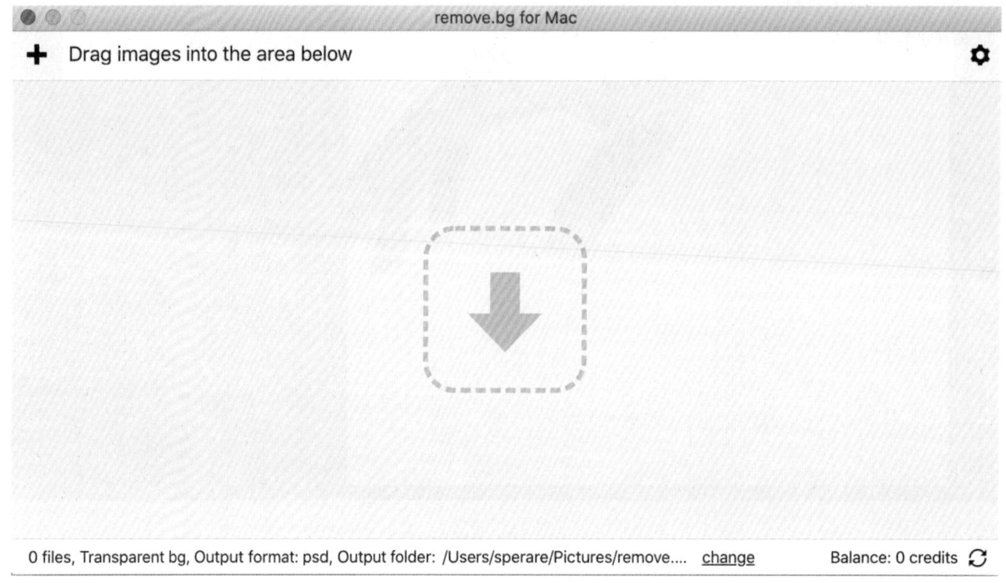


图 4-24

首先，你需要将待处理的图片直接拖入插件中，系统会自动识别出图片内容。

之后，我们导出 PSD 文件，即可收获一张清晰的去底图片。值得一提的是，插件还为你保留了后期的编辑可能。当你查看这一 PSD 文件的图层时，你会发现插件使用的是蒙版抠图，你随时可以释放出你想留下的背景或修改系统识别错误的地方。

# 4.2 如何正确地保存文件

在第二章中，我简单介绍过如何保存 JPGE 和 PNG 文件，现在，我再介绍其他几种常见的格式和其适用的场景。

首先，在菜单栏中找到“文件→存储”，在下拉菜单中，我们会发现可以被保存的格式有几十种，其中比较常用的有 GIF、JPEG、PNG 以及 TIFF 格式等，如图 4-25。

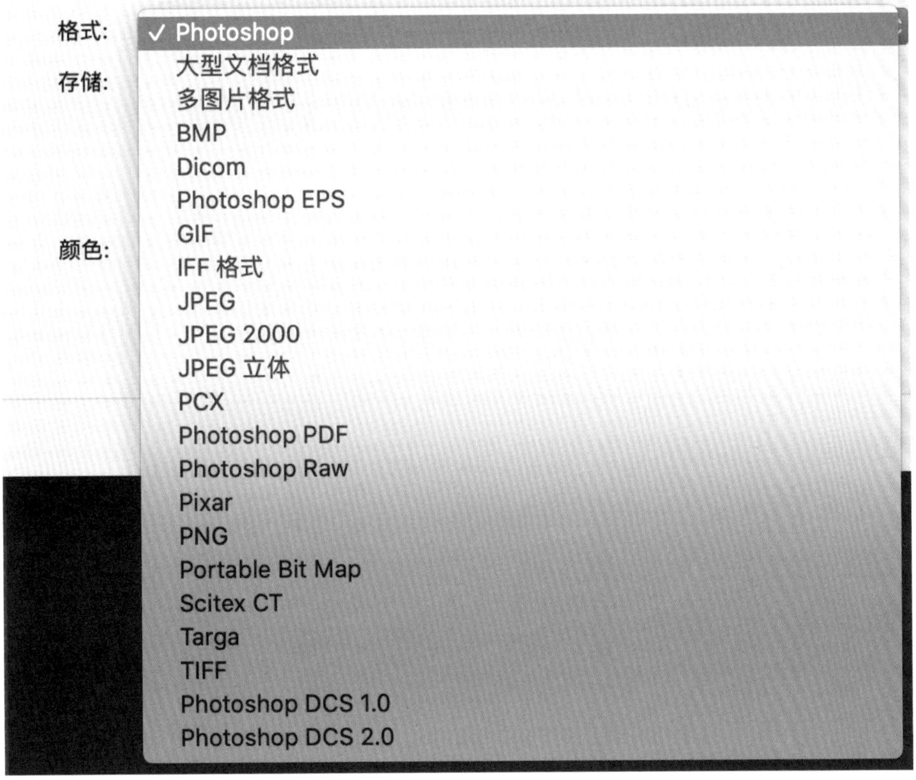

图 4-25

## 4.2.1 保存为 PSD 文件

PSD 文件格式：这种格式是 PS 的专用格式，可以存储 PS 内所有的图层、通道、参考线、注解和颜色模式等信息。通常当文件编辑完成后，我们会保存为 PSD 文件，方便后期修改。

PSD 文件格式的缺点是由于保留了详细的图层信息，文件尺寸动辄达到几十兆，对传输分享来说很不方便，同时大多数办公软件都无法读取 PSD 格式的文件。因此，我们通常不将 PSD 格式的文件做分享使用。

## 4.2.2 导出为 GIF、TIFF、PNG、JPG 文件

GIF 文件格式是一种动图文件格式，常见的表情包就是 GIF 格式。

JPG 和 PNG 格式之前都介绍过了，这里不再赘述。

TIFF 格式是一种灵活的位图格式，主要用来存储包括照片和艺术图在内的图像。与 JPG 文件不同的是，TIFF 文件可以在编辑后重新存储而不会有压缩损失，还可以选择保留图层。

以上是一些常见的文件格式，通常我们会将“文件→存储”只用于保存 PSD 文件。如果想要保存为 TIFF 格式，则会点击“文件→存储为”。如果想要保存 JPG/PNG/GIF 格式，通常选择“文件→导出为”。

**快捷键整理：**

Ctrl+D（MAC 系统为 Command+D）取消选区

Ctrl+Z（MAC 系统为 Command+Z）退回上一步

Ctrl+L（MAC 系统为 Command+L）调整色阶

Ctrl+J（MAC 系统为 Command+J）直接复制图层

Ctrl+S（MAC 系统为 Command+S）文件储存

Q&A

Q：如果需要将刚刚的图片储存为 PNG 格式文件，应该怎么处理呢？

A：选择“文件→导出→快速导出为PNG”，并选择需要存储的文件夹即可（如图 4-26）。

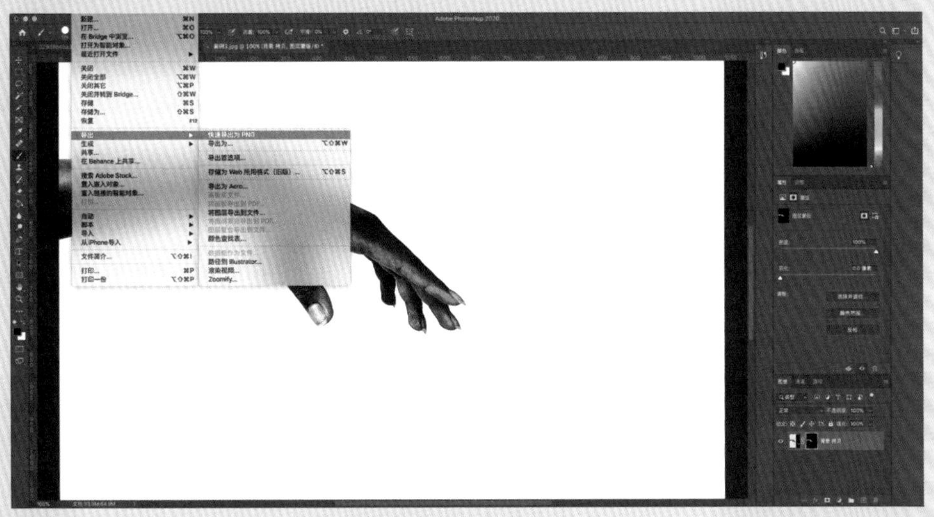

图 4-26

# CHAPTER

# 5

## 常见需求
## ——如何进行手绘

# 5.1 关于笔刷

如果你有志于插画练习，那你一定听说过 PS 强大的笔刷功能。除了默认笔刷外，很多 PS 高手也会分享和制作属于自己的原创笔刷。

当我们拥有一份 ABR 文件时，我们应如何安装呢？

## 5.1.1 导入笔刷

打开 PS 软件，不需要新建文件，直接点击“窗口→笔刷→导入画笔”。

然后选择之前下载的 ABR 文件即可，如图 5-1。

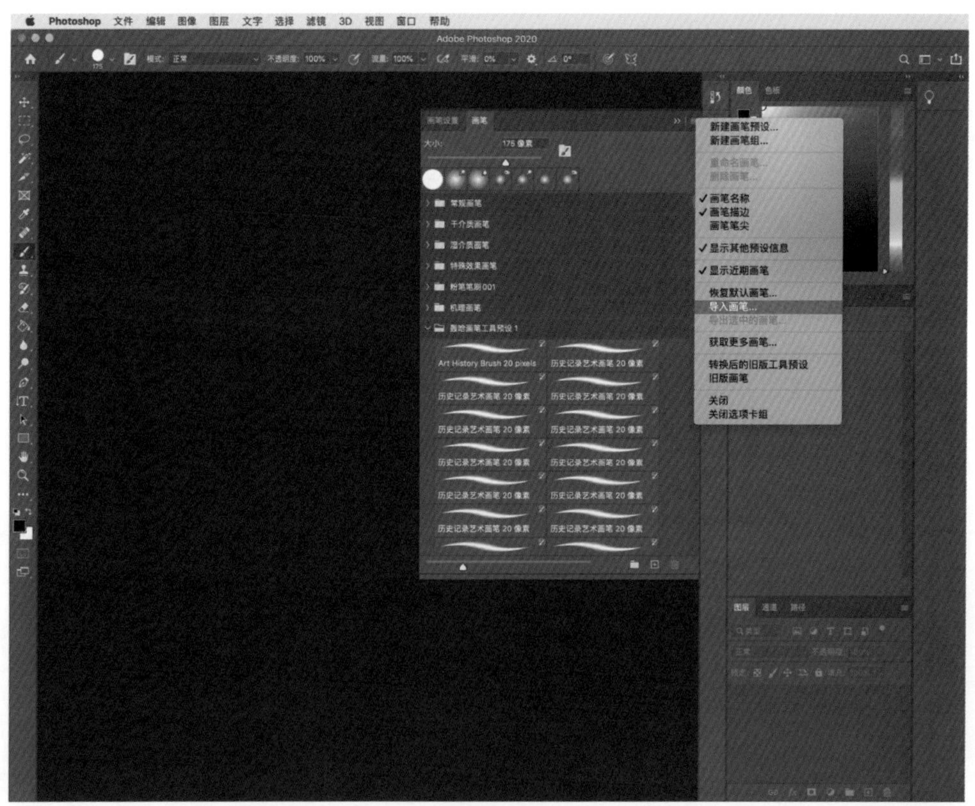


图 5-1

导入笔刷之后，你也可以像修改图层命名一样双击笔刷名进行修改。修改时，名字会显示为可编辑状态，如图 5-2“笔刷 1”。

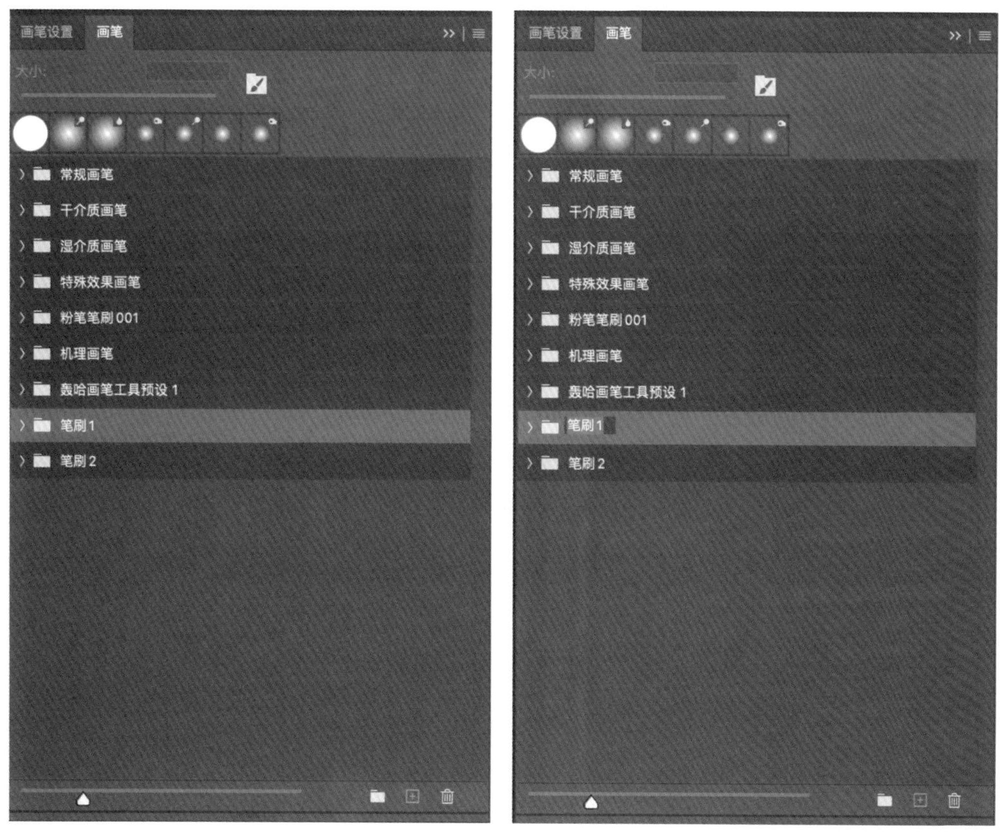


图 5-2　　图 5-3

## 5.1.2 删除笔刷

如果你对某一种笔刷不满意，也可以单击右键删除该笔刷，如图 5-3。

## 5.1.3 保存笔刷

有时候，我们在绘画过程中，也会设置一些自己喜欢的笔刷，那么如何保存这些自定义的笔刷呢？下面以图 5-4 这个 41 像素的硬边圆笔刷为例讲解一下。

我们可以直接点击硬度边上的 新建按钮，随后会出现一个如图 5-5 所示的对话框。

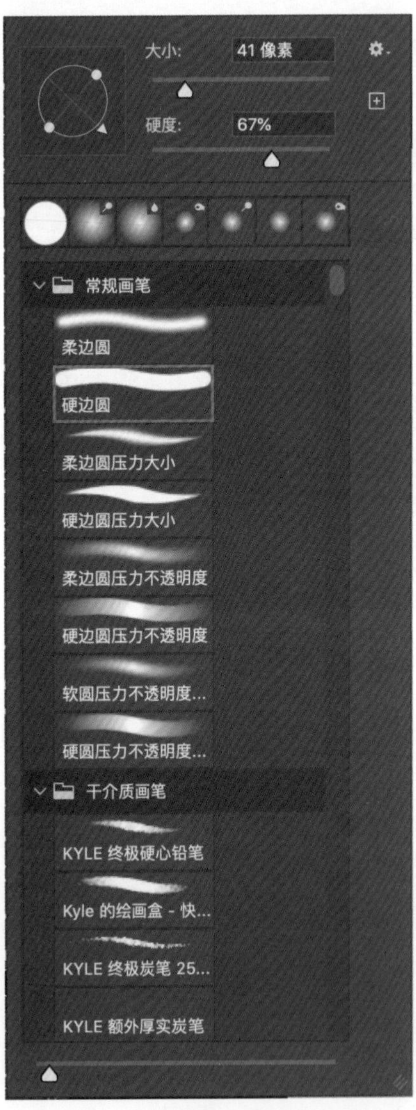
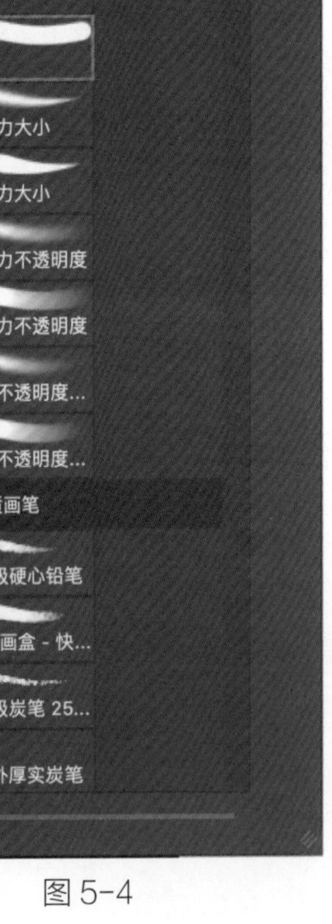


图 5-4

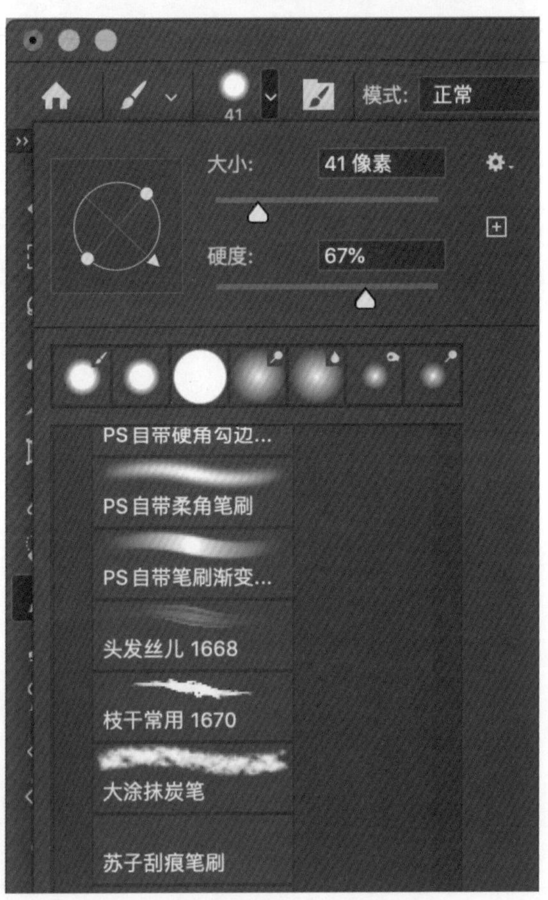


图 5-5

重命名自己的笔刷，然后单击确定保存。如果勾选了包含颜色，笔刷上的颜色也会跟随一些设定信息一起被保存。当保存完成后，通过笔刷的选择下拉菜单，你就可以看到刚刚设定的笔刷 001。

同样地，单击鼠标右键，你也可以修改该笔刷的一些信息，或直接选择删除该笔刷（如图5-6）。

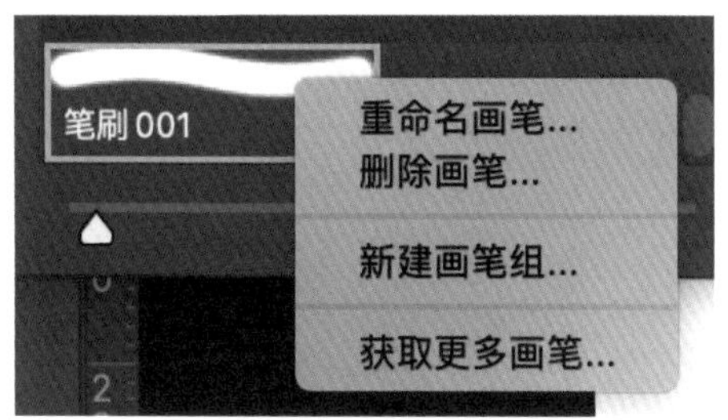


图 5-6

## 5.1.4 自定义笔刷

那么，自定义笔刷应该怎么使用呢？让我们从例子入手，请看第三章中的这张海报（如图 5-7）。

事实上，这个类型的海报还有很多种，如图 5-8、图 5-9 所示。

图 5-7

图 5-8　　　　图 5-9

画面中的树叶、鸟和雪花，都可以是一种自定义的画笔。以图 5-9 为例，想要完成这种类型的海报，需要哪些步骤呢？

**Step1** 找一张合适的人物图片或场景图片，做抠图处理或调色预处理。

**Step2** 新建一个图层。框选出整个图层，使用油漆桶工具在图层上涂满白色，选择橡皮擦工具，并在画笔的下拉列表中找到你设置的雪花笔刷，进行涂抹。

**Step3** 使用文字工具（快捷键 T）键入相关的文字即可完成。

当然，第三张海报的图形只有两层，比较容易处理。那么在图 5-7 的海报中，人物帽子上缺少的图形是怎么完成的呢？

事实上，它的创作步骤也很简单。

**Step1** 抠图，由于下巴附近有黑色的胡须，单独使用钢笔抠图无法做到完美的滤出。因此，我们可以使用通道抠图法将男人从原来的背景中分离出来。

**Step2** 为抠出的人像添加蒙版，选择画笔工具（快捷键 B）并找到你所需要的特殊画笔。设置前景色为黑色，背景色为白色，在帽子部分适当地画出相关形状。到这一步，我们已经完成了帽子的缺少部分的图形。

**Step3** 退出蒙版层后新建一个图层，回到画笔工具，选择白色，大小错落地点上叶子的形状。通过观察叶子的形状，我们可以知道作者应当使用了多个叶子形画笔。完成这一步之后可以再在最下方增加一个渐变蓝紫色的背景色，为整张海报营造出梦幻的氛围。

**Step4** 最后使用文字工具（快捷键 T）键入相关的文字即可完成。退出编辑状态后，也可以通过快捷键“Ctrl+T”（MAC 系统为“Command+T”）来调整文字的大小。

通过以上例子的解析，我们了解到自定义笔刷是一个非常有用的功能。那么如何设定这些特殊形状的自定义笔刷呢？首先，你需要找到一张你想要的形状素材的图片，如上图中的落叶、鸟、雪花等。这里我找了一张桃花的图片（如图 5-10）。

图 5-10

第一步还是将桃花抠出。因为有明确的边缘线，所以我使用了钢笔工具，仔细地随着花瓣边缘勾勒（如图 5-11）。

在路径面板中转换成选区，随后反选去除背景（如图 5-12）。

图 5-11

图 5-12

第二步，在菜单栏中找到“编辑→定义画笔预设”（如图 5-13）。

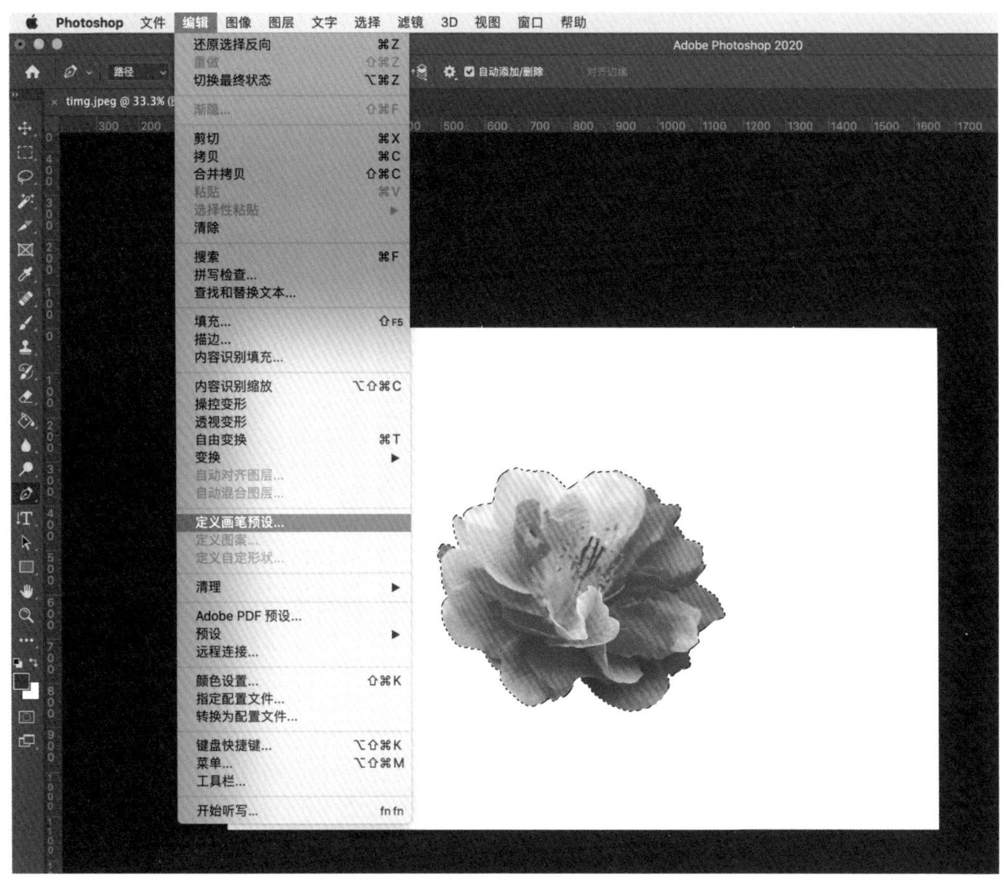


图 5-13

定义成一个样本画笔，你可以自定义其名称（如图 5-14）。

到目前为止，你已经可以使用这个预设的花瓣画笔画出同一角度的花朵了（如图 5-15）。

图 5-14

图 5-15

但仅仅一个角度的花瓣还不够实用，所以第三步，我们可以在画笔设置里进行画笔设置。在形状动态里可以设置大小抖动、最小直径等参数，在散布里则可以设定数量等参数（如图 5-16、图 5-17）。

图 5-16

图 5-17

设定完成这些参数后，你就可以画出各种随机角度的花形了（如图 5-18）。

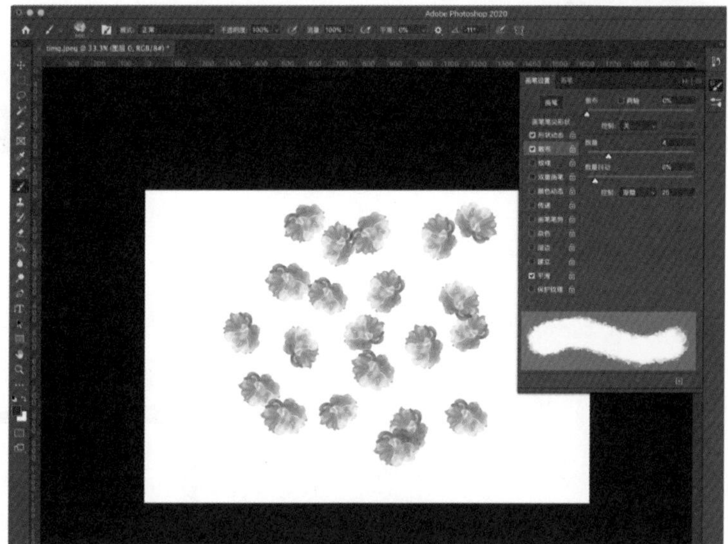

图 5-18

如果你设置了多个同款画笔，也可以将这些画笔打包成一组。

# 5.2 如何画出扁平风格的插画

在网上看到图 5-19 至图 5-23 这样的插画时，你会羡慕吗？

图 5-19《美刀》，Ian 何 2017 年创作于上海

图 5-20 《安安的出生日记》，Ian 何 2017 年创作于上海

图 5-21《安安的出生日记》，Ian 何 2017 年创作于上海

图 5-22《安安的出生日记》，Ian 何 2017 年创作于上海

图 5-23《安安的出生日记》，Ian 何 2017 年创作于上海

这些画面是如何画出来的呢？

大部分的插画师都是直接采用画笔工具（快捷键 B）配合合适的笔刷完成的。针对想要入门的初学者，我这里分享一个相对更简单的方法。其实对于这些有明确边缘轮廓的图画，你也可以使用钢笔描出轮廓，然后将路径转成选区，如图 5-24、图 5-25、图 5-26。

随后使用笔刷填充选区。

图 5-24

图 5-25

图 5-26

在这里需要补充一个绘画的小常识，就是想要快速使某种物体变得立体起来，只需要给这个物品增加暗部和亮部来区分即可。用更简单的说法来表述是：用深一点的颜色标注出背光面，用浅一点的颜色标注出受光面。之前，我已经为头发涂上了颜色，现在就可以增加它的暗部了。

你可以选择新建图层，然后画出阴影部分。因为刚刚画上的笔触比较坚硬，我们可以在下拉菜单中找到“滤镜→模糊→高斯模糊”（如图 5-27）。

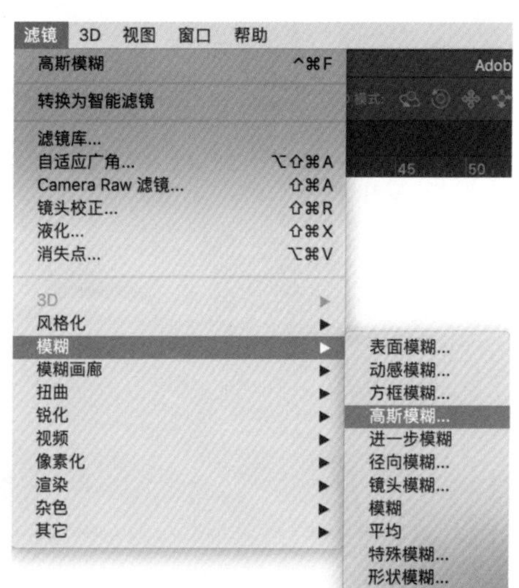

图 5-27

通过尝试，我们就可以知道如何设定合适的半径。在此，我设定的是2.2像素（如图5-28）。你可以根据自己的需要进行尝试。如果勾选了预览，你还可以随时看到实际效果。

对投影层，我们往往还可以单独使用高斯模糊，设置正片叠底和不透明度等效果。确认完成后，你可以使用快捷键“Ctrl+D”（MAC系统为“Command+D”）取消选区。

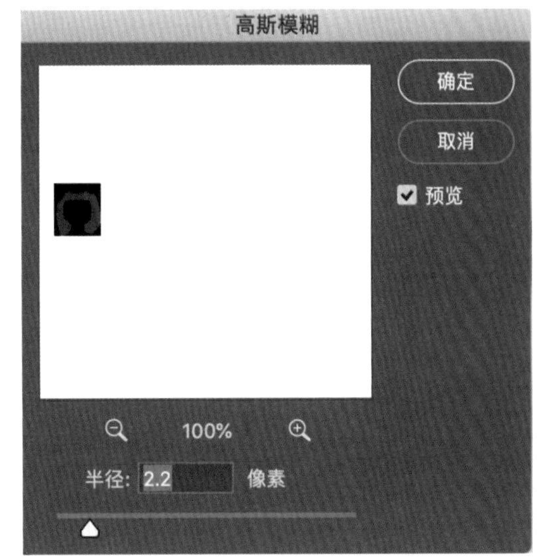


图5-28

就像建立暗部一样，你可以照着这个做法来增加亮部。首先新建一层，在头发的上半边涂上淡淡的颜色，随后给一个适当的高斯模糊数值。

只需要打开高斯模糊预览，你就能提前看到效果。

之后，你可以加上混合模式。需要特别说明的是，如果你的亮部是白色，就不能使用正片叠底。因为在正片叠底的状态下，白色会直接和底色重叠消失。

PS软件的官方是这样描述正片叠底模式的：查看对应像素的颜色信息，并将基色与混合色复合，结果色是较暗的颜色。任何颜色与黑色复合产生黑色，任何颜色与白色复合保持不变。

以我个人的经验判断，浅色通常也比较适合变亮或柔光这样的混合模式。这就是简单的插画步骤。通过一层一层的绘制叠加，即可完成一幅插画。

使用画笔似乎还有点麻烦，是否有更简单的插画绘制方法呢?

现在有一种简单的插画风格，叫作扁平风格。

仔细观察后，你会发现这一类的插画，几乎整个人物的躯干是同一种颜色，颜色的选择大部分也比较简单，只有浅绿、肉色、粉红、天蓝色等，并不容易出错。因此这类插画绘制起来比较简单，也适合制作为PNG格式的文件，作为PPT的配图。

这一类插画主要的难度在于构思人物、植物、动物的动作等，十分推荐新手模仿尝试！

**快捷键总结：**

Ctrl+T（MAC 系统为 Command+T）调整大小

Ctrl+D（MAC 系统为 Command+D）取消选区

# CHAPTER 6

## 常见需求

## ——如何编造场景

# 6.1 魔幻场景合成

## 6.1.1 初识魔幻场景

请观察图 6-1 这几幅画。

图 6-1

是不是既觉得很真实，又觉得有些地方不太现实？

画这些画的画家叫作莫里茨 · 科内利斯 · 埃舍尔，他擅长塑造“不可能图形”和“不可能场景”。

这些场景乍一看光影逻辑都完美无缺，仔细一看却会发现其在真实生活中根本无法存在。这就是魔幻场景的精髓——理所当然却又匪夷所思。

理所当然指的是，当我们合成一个魔幻场景时，其中的每一个物体本身的光影和颜色都要与环境光和环境色相吻合。

匪夷所思则是指，画面描述的场景要具有一定的突破性与戏剧性。事实上，我们自己在设计这样的魔幻场景时，也应该考虑到各种细节。

图 6-2 是我的一张魔幻场景合成的习作。

图 6-2

大家一眼就能看出来，图中少女的背影是通过 PS 置入这个场景中的，但其实画面中近在眼前的大桥，远在天边的白云都是合成出来的。我们看到的海岸，实际上只不过是一片苔藓地。

接下来，让我带大家一起来复盘一下这张场景图的构成，以及我为什么要这样处理人物场景。

## 6.1.2 一起尝试来做一个魔幻场景

**Step1** 我首先找到了这样一张带着阳光、小水潭、苔藓的背景图，如图 6-3。仔细观察这张图片，你会发现自然光从右侧前方射入，致使画面的中景部分背光，而近景部分又受光。同时，背景中左侧的天空开朗疏阔，十分适合置入人物。

图 6-3

此外，对摄影略知一二的朋友们知道，如果想要使照片更有层次感，就必须设定一个对焦点，然后相对地使其他部分“虚化”。

在图中，整个画面的右侧由于阳光以及对焦的原因，显得都不太清晰。近景部分也比较虚化，最清晰的地方是在左侧中景的位置。所以，当我们合成图片时，你可以从两个比较虚化的位置入手。

**Step2** 经过上述分析，我们就可以着手找素材了。因为阳光从后面射入，我们就需要找一座背光的山村建筑。近景虚焦，则可以选择摩天轮或大桥之类的建筑。

图 6-4

图 6-5

根据需求我找到了图 6-4 和图 6-5，虽然大桥的精度不高，但没有关系。海边小镇身处悬崖下，海水也比较难处理，但也没有关系。只需要简单地抠出后，加一个蒙版，选择一个边缘模糊、中间实的笔刷慢慢虚化边缘即可。请务必注意，笔刷的不透明度和流量都需降低，这样做是为了使笔触更柔和，过渡更自然，如图 6-6。

模式：溶解 不透明度：5% 流量：6% 平滑：0% 0°

图 6-6

当然，你也可以选择通道抠图法，只需要一步就可以处理上方乔木的树叶部分。我们可以将素材先贴入（复制进）原来背景的上一图层，然后按住快捷键“Ctrl+T”（MAC 系统为“Command+T”）来调整大小。

图 6-7

刚刚放进去的两个元素看上去都有着过于强烈的违和感，如图 6-7，因此，我们可以先分别调整一下建筑物的颜色，让它们变得暗一些，颜色偏黄一些。

**Step3** 经过了多种尝试以后，我发现通过调整色彩平衡获得的视觉效果最好。

同时，为了让特效只针对海边的村落有效，在调整完色彩平衡之后，我又选中了色彩平衡这个图层。请按住 Alt 键，你会发现这一图层前会出现一个向下的小箭头，如图 6-8 和图 6-9 所示。

图 6-8

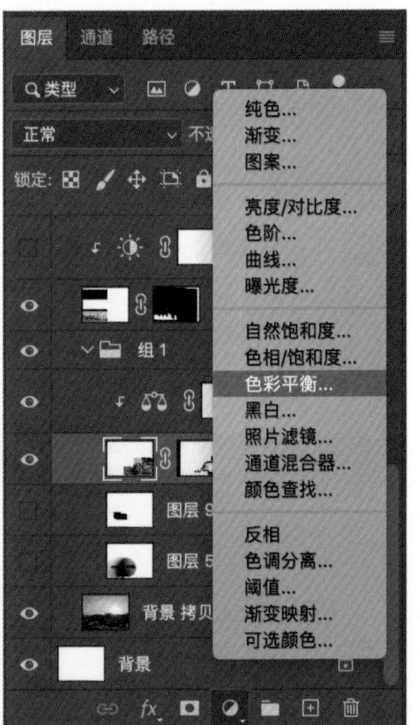


图 6-9

调整过色彩平衡的楼房现在变成了图 6-10 的样子，通过对比，你可以发现其区别。

图 6-10

就像调整中景一样，我决定也将近景处的楼做一下调整。

图 6-11

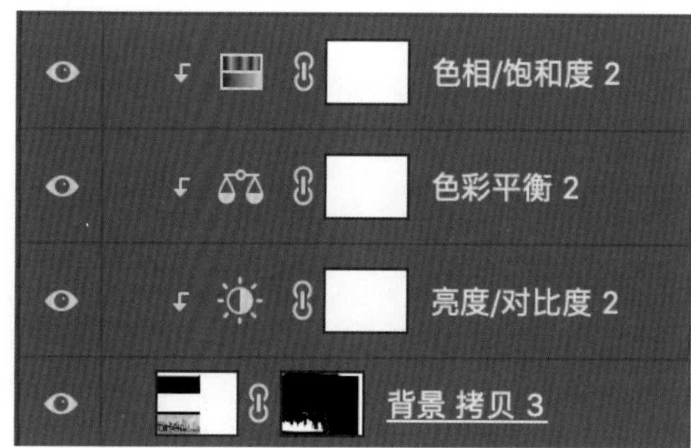

图 6-12

由于这座楼比较明亮，我进行了多层调整。但同样地，每设置一层，我都会按住 Alt 键，使得该色彩效果的调整只对该图层有效。这样反复调整以后，就会出现图 6-11 的效果。

如果你觉得图层特别多，可以按住快捷键“Ctrl+G”（MAC系统为“Command+G”）给图层编组（如图6-12）。

具体操作是，按住 Shift 键的同时，单击鼠标左键选中你想要编组的图层，然后直接使用快捷键“Ctrl+G”（MAC 系统为“Command+G”）给图层编组就可以了。对于已经编组的图层，你也可以双击鼠标左键修改编组名字或单击鼠标右键删除编组。

**Step4** 到目前为止，我的操作都并不太难，而画面也已经初具规模了。但还有一点没有完成。在现实世界中，我们看到的建筑群或单独的花草人物都会互相遮挡，彼此关联，但在现在的画面上，却完全没有。我们的建筑，现在整个漂浮在之前的苔藓地和岩石之上。

我们可以使用套索工具（快捷键 L）进行处理（如图 6-13），从背景层上框选出一些岩石、苔藓、路面等，使用快捷键“Ctrl+C”（MAC 系统为“Command+C”）进行复制。在我们调整过颜色的景物上方新建一个图层，使用快捷键“Ctrl+V”（MAC 系统为“Command+V”）进行粘贴。

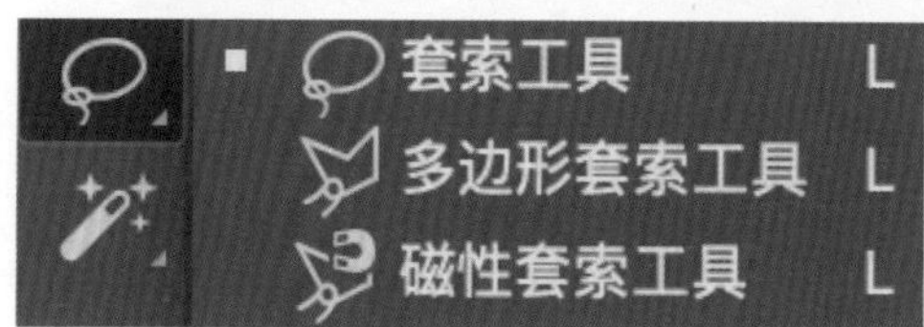

图 6-13

复制进来的苔藓，有着尖锐的边缘。没关系，我们可以像先前处理小城那样，设置一个蒙版，然后用画笔慢慢将边缘擦出来。擦完之后，如果你觉得有必要单独调整这部分的色彩，也可以处理。这是一个非常消耗时间的工作，但能对画面的真实感和视觉效果有非常好的提升。图 6-14 是我做的效果。

图 6-14

**Step5** 景物基本上都放置完毕，处理得差不多了。此时，就可以放置我们的主人公——巨人族少女了！首先，还是找一张少女图（如图 6-15）。然后，去掉背景，这次，我选择了插件抠图法。

图 6-15

图 6-16

需要特别说明的是，我还是使用了蒙版，方便随时进行调整。在此，我们把处理好的人物复制到之前的背景图层，随后拖动调整图层顺序（如图 6-16）。这时，为了让少女和原先背景中的云有穿插关系，我在蒙版上又稍微画了两笔，使得少女的手、手肘和肩膀分别隐匿了一部分（如图 6-17），以期获得更好的视觉效果。

图 6-17

**Step6** 当少女进入画面之后，我们会感觉到，她作为画面中的元素与整体画面的色调略微不同。在这种情况下，我们可以通过调整人物的明暗对比和色调，使其与外部环境相协调。

首先，我来调整一下明暗对比，打开亮度/对比度，把整体的明暗度压低（如图 6-18）。是不是觉得瞬间暗下来了？但根据之前处理问题的经验，你们也知道一个物体在自然界势必由亮部和暗部构成。将色调压低，虽然获得了暗部，但亮部该怎么办呢？

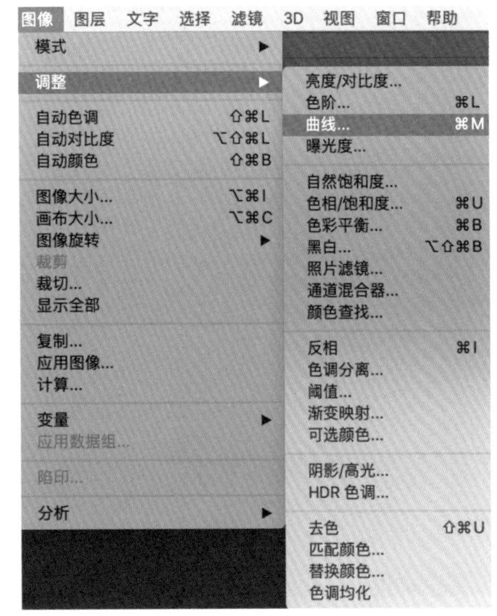

图 6-18

我的解决方案是，把之前的那一层复制到上一图层。如果对自己的操作不是十分肯定，建议你在使用的过程中还是尽量使用单独的调色图层或用快捷键“Ctrl+J”（MAC 系统为“Command+J”）复制一层，留作备用。

直接复制亮色的一层，当然是不行的。复制之后，你还需要继续在蒙版上使用画笔工具（快捷键 B）做一些修改。

少女的右侧肩膀由于是受光面，应比左侧更亮。在蒙版上，我们可以适当隐去左侧的亮色，底下暗色的少女图像就能展现了。这个操作的重点在于，使用笔刷时务必控制好流量、透明度与笔刷大小。不要太高，也不要将笔刷调得太大。如果笔刷太大，在调整大面积的色彩时，很容易留下一道道白色的笔触，十分难看且不自然。如果笔刷的流量与透明度太高，则容易导致用力过猛，过渡不自然。

魔幻场景的合成是一个慢工出细活的过程，在学习与练习阶段，应将笔刷的流量与透明度调低，在同一个位置反复多刷几次，不要怕麻烦，幻想一步登天。

图 6-19

调整完少女的肩膀，我们还可以为少女的周身加上一些烟雾和白云。我在少女右侧肩膀前，加了一些半透明的云彩。这样做是为了表现出少女实际上是“海市蜃楼”的虚影（如图 6-19）。

关于如何添加云彩，通常有两种方法。第一种是从素材网上找到很多 PSD 文件格式的白云，下载后将素材复制进文件，然后调整大小、透明度和图层位置即可。第二种则显得简单粗暴很多，你只需要找到合适的笔刷，直接把云画出来即可。

在大部分时候，我们做一张特效图时，这两种方法都会经常用到。

加完云彩的图片大致如图 6-20 所示。

图 6-20

**Step7** 不知道大家是否注意到，从右侧的图层栏中可以看到，目前停留的图层是一个通道混合器。这个通道混合器就相当于对整个画面的色调做了一个调整。像这一类对整个画面做色调光影控制，其目的就在于将画面中原本零散的各个部件融合在同一个色调下。同样地，你可以在图层面板中找到通道混合器（如图 6-21）。

图 6-21

**Step8** 调整完色调之后，我们就开始对画面做最后的修修补补。在左手边增加了些透明感很强的云。在中景的位置也增加了一些暖暖的光。增加的方法，和之前披萨店例子中增加黄色光晕的方法是一致的。首先，你要在空白图层上画一个色块，之后再给到大数值的高斯模糊，然后使用蒙版和透明度修补掩盖不自然的地方。

当然，增加了中景的阳光之后，也可以顺势调整一下远景的天空。

我又给少女的整个下半边添了一点阴影，为了不影响之前所加的阳光，我还特意将图层放到了比较偏下的位置。而类似的细节还有很多，我就不一一展示修改了！

关于场景的合成，每个人都有每个人的想法，大家在具体操作的过程中也可以多做尝试，找到自己喜欢的风格。

# 6.2 仿制场景

## 6.2.1 初识仿制场景

如果说魔幻场景完全由自己编造，那么仿制场景则是找到一个范本，随后基于这个范本来进行模仿、再创造。这个范本可以是动画场景、电影场景、生活场景，甚至可以是具体的人或某个艺术家的作品。一旦你选定了某个具体的范本之后，就可以根据这个范本做分析，提取其中的重点，删去多余的细节。

对设计师来说，仿制场景不仅是一个很好的练习手段，也是一个非常好的锻炼想象力的方式。

## 6.2.2 一起尝试来做一个仿制场景

那么具体该怎么操作呢？还是让我们先从一个例子入手。

图 6-22

图 6-23

这是我的一个习作，在这里分享给大家，方便大家更好地了解创作步骤。

图 6-22 是我找的一个范本，图 6-23 则是我用蛋糕完成的一个仿制场景，其中的樱桃则是点缀在蛋糕上的装饰水果，我将它抠了出来，做成了一个简单的热气球仿品。图 6-24 是这个蛋糕的原图。

首先，我将这张照片直接拖进了 PS 软件，然后按住快捷键“Ctrl+T”（MAC 系统为“Command+T”）来调整大小。其次，将多余的部分直接拉出画板的位置裁减掉。再次，使用快捷键“Ctrl+J”（MAC 系统为“Command+J”）来复制一层相同的图层。最后，将其中一层中的樱桃抠出，复制在新建图层上做备用（如图 6-25）。

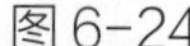

图 6-24

图 6-25

此时，我们应该有三个图层。图层一是一张完整的图片，图层二是一张少了樱桃的图片，图层三是仅有的一颗单独的樱桃。在这种情况下，我们可以先隐藏图层三，之后再处理，当务之急是先修改图层二上挖去樱桃后的空缺位置。

我主要用两种方法，第一种处理方法是仿制图章。

你可以在左侧的工具栏中找到这个工具（如图 6-26），然后按住 Alt 键从周围的背景取色，填补在空缺部分。

在这里我们有一个小技巧。仿制图章比较适合花纹简单、重复、单调或者一色渐变的背景。在处理这种背景的时候，你可以将仿制图章的透明度调低，使得一色渐变的内容比较自然地衔接过来。

图 6-26

第二种处理方法是将空缺上的 3/4 部分都填满后，运用蛋糕上的其他部分填补蛋糕的颗粒表面。我没有选择仿制图章直接将蛋糕表面画出来的原因，是由于蛋糕表面的核桃颗粒是没有规律的。

不知你是否还记得处理这张图片时我们裁减掉了右侧多余的一些蛋糕面积？此时正好可以使用快捷键“Ctrl+T”（MAC 系统为“Command+T”）来调整大小，适配弧度，随后填补这个缺少的空间。

由于取的是蛋糕本身的花纹填补的空洞，这个部分会自然协调很多。对上了弧度之后，你可以选择合并图层，然后对这个部分运用仿制图章方法适当地修补衔接部分。

但此时你会发现另一个问题，我们拿来修补的原物来自暗部，颜色更深，而要修补的部分实际上正好在光线的转折点——明暗交接之处，直接粗暴地处理在视觉上会显得十分不协调。那我们一般怎么处理这个问题呢？

我会使用 5% 左右的橡皮擦直接将深色部分减弱，随后在这个浅浅的透明图层下方，用画笔画上正确的颜色。如果觉得某个步骤调节得让你满意了，你可以按住 Shift 键同时选中两个图层进行合并。

在这个反复修正的过程中，你还可以结合模糊工具将周围的颜色进行柔化，可以用钢笔工具画出选区，这样你填补的颜色就不会超出所划定的框界。

当你对自己修补的蛋糕基本感到满意时，就可以开始处理樱桃了，还是利用快捷键“Ctrl+T”（MAC 系统为“Command+T”）调整到大小和位置都合适的地方。之后，再复制一颗，按住快捷键“Ctrl+T”（MAC 系统为“Command+T”），单击鼠标右键，选择水平翻转（如图 6-27）。

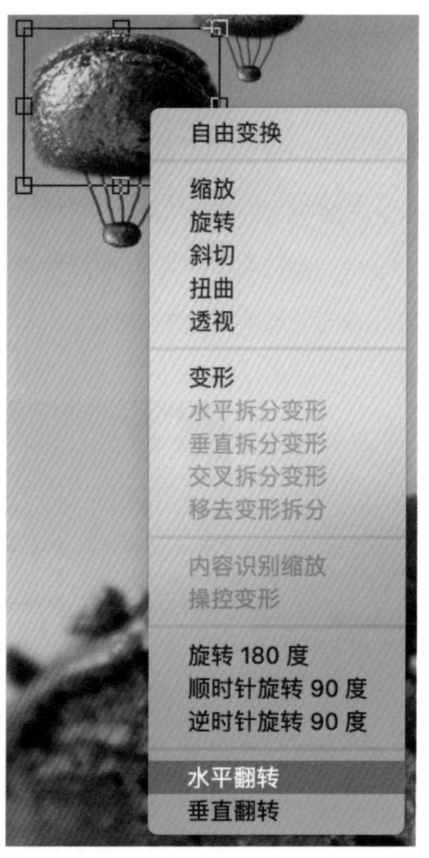

图 6-27

将樱桃向下翻转，随后调整大小和位置就可以了。调整完降落伞的伞盖和底座后，你可以新建一个图层，用画笔（快捷键 B）重新画上三四条伞绳即可。

你可以把降落伞的三层全部选中，随后用快捷键“Ctrl+G”（MAC系统为“Command+G”）进行编组。这里需要特别提醒大家，编组后的文件能够统一用快捷键“Ctrl+T”（MAC系统为“Command+T”）调整大小。也就是说，我们可以在编组后复制整个组，直接调整大小和位置。

到目前为止，我们还差一个小人没有完成。我选择了一种比较偷懒的办法，即直接找一张PNG格式的照片拖入画面，调整大小、位置和颜色，再用笔刷在人物脚下加上阴影。这个阴影可以用带透明度的笔刷来画，也可以画完后，调整阴影图层的透明度。为了掩盖人物脚部一个微小的缺陷，我将底部蛋糕上的核桃使用仿制图章，盖在了人物脚部，做成一个单独的图层。这里要特别提醒大家，不要直接在同一个图层上完成所有事情，以防后期无法修改。

关于人物，如果想要增加画面的趣味性，你也可以自己画一个小人或找一个小积木人，抠完底图之后放在蛋糕上。具体的处理方法其实是一样的。

人物、场景几乎都有了，最后一步是调整整个画面的颜色和重点了。首先，我给整个画面加上了一个照片滤镜（如图6-28），使它散发出温暖感，这和我们蛋糕、巧克力以及樱桃的颜色都是相符合的。

图 6-28

其次，通过观察原图我们不难发现，原图将镜头的对焦点放在了蛋糕的横截面上。我们可以保留这个对焦点，适当对其他部分进行虚化，营造出一种摄影师在拍蛋糕，却意外发现了蛋糕小人的故事感。

在这里，我给了小人一个2像素的动态模糊。由于它本身是一个行走的姿态，动态模糊可以让人觉得我们的摄影师是抓拍到了这个场景。

由于我们抠取出来的蛋糕边缘线相对清晰，缺少了照片本身的朦胧感，我们可以用模糊工具手动增加一层。

之前，我已经指导大家每处理一个物品就将这个物品编组、重新命名。这一步整理图层的工作或许比较枯燥，但在现在看来却十分有用。

我们可以整体复制一组，然后隐藏复制组，随后将原来的组都合并成一个图层。这样，你会发现，蛋糕背景变得更加统一了。

很多时候，我们备份编组不是为了具体的使用功能，而是当我们想要回溯操作，而步骤已经超出了历史记录的记录步骤时，我们还可以找回之前的备份。这也就是我一再提醒大家一定要将图层分开的原因。

# CHAPTER

# 7

## 常见需求
## ——摄影后期

# 7.1 人像修图

追求美颜效果可能是大家学习 PS 最主要的目的了。在手机上的美颜软件如此发达的今天，还使用 PS 修图是为了什么呢？我觉得 PS 修图能给照片带来与美颜软件完全不同的质感，既留下我们人生中的高光时刻，也保留我们每个人的“个性化”特征。

今天，就让我们一起来学习如何使用 PS 进行简单的修图。

## 7.1.1 什么是 RAW 格式

首先，我向大家介绍的是使用 PS 修图时，一般会对 RAW 格式的文件进行修改。如果大家对之前讲的 JPG 格式还有印象，就应该记得 JPG 格式是一种图片的有损压缩格式，而 RAW 图像文件则被描述为“数字负片”。

虽然它不是负片，但它与胶片摄影中负片的作用完全相同。负片不能直接用作图像，但却包含了创建图像所需的全部信息。

跟胶片摄影一样，将 RAW 图像文件转换成可视格式的过程被称为“显影”，类似于将胶片冲洗成可视印刷品的胶片显影过程。

图像渲染时的各项选择是白平衡和颜色分级的一部分。简单来说，使用 RAW 格式相当于在做后期，为自己创造了“二次摄影”的机会。

## 7.1.2 利用 RAW 进行“二次摄影”

图 7-1 是我们要处理的一张照片，你可以看到图中黑色的学士服已经和背景融合在了一起。这种情况，如果是传统的 JPG 格式的文件，则会因为图片储存的信息不完整而很难在后期修片时挽救回来，而如果使用的是 RAW 格式的文件，则很容易修复回来。

图 7-1

但有一种情况是例外，即存在过度曝光的照片。曝光点即便是使用 RAW 格式的文件也无法修复，这是因为 RAW 格式的文件其实记录了多层的颜色信息。深色的地方，如图 7-1 中的学士服，在我们看来，颜色比较深是因为叠加的颜色多了，因此呈现出黑色。在后期修改中，我们可以适当减少叠加在这一区域（学士服）上的色彩信息，使得衣服本身的颜色表现出来。

但过度曝光的曝光点却恰恰相反，曝光点上的色彩信息只有一种——白色。即便后期我们去掉了白色，该处依旧不会有其他色彩信息存在。所以，在前期选择需要修复的照片时，我们应该将过度曝光的照片去掉，尽量选择一些色彩平衡、光影平衡比较正常的照片。

选择好照片之后，就将 RAW 格式的图片，即 CR2 格式的文件拖入 PS 软件，随后就会自动进入 PS Camera Raw 。在这一步，你可以看到整个画面的左侧都是预览窗，而右侧则是调整各个参数的位置。

右上角的直方图可以帮助我们了解照片的一些参数，比如f/13表示光圈大小。在这一步，我们能够修改的部分是照片的一些参数，比如让图中的模特呈现出典型的暖黄皮，而原片则由于“红色”过多显得皮肤粉质感很强。同时，原图的脸部为了突出明暗对比，将左侧拉得太亮。

我们可以通过单独压低对比度来解决这两个问题。压低对比度还有另外一个好处就是让之前与背景融为一体的学士服从背景中剥离出来，毕业证书上的金色丝带则由于提高了“黄色”而改变了颜色，从而增加了质感。

这一步处理色彩关系和白平衡关系的主要目的并不是解决图片中所有的问题，而是为后期处理这张图片提供便利条件。

根据这张照片，我们需要解决的主要问题是让人物从背景中抽离出来，解决人物脸部的白平衡。由于后期我准备将背景处理成冷色，故而特意将人物的肤色处理得更加接近“肉色”。

每张照片的问题都不同，我建议新手在不了解每个参数具体的含义时，可以尝试多次拖动并还原，借此进行对比，感受一下人物的变化（如图 7-2、图 7-3）。毕竟修图的最终目的还是为了美化。

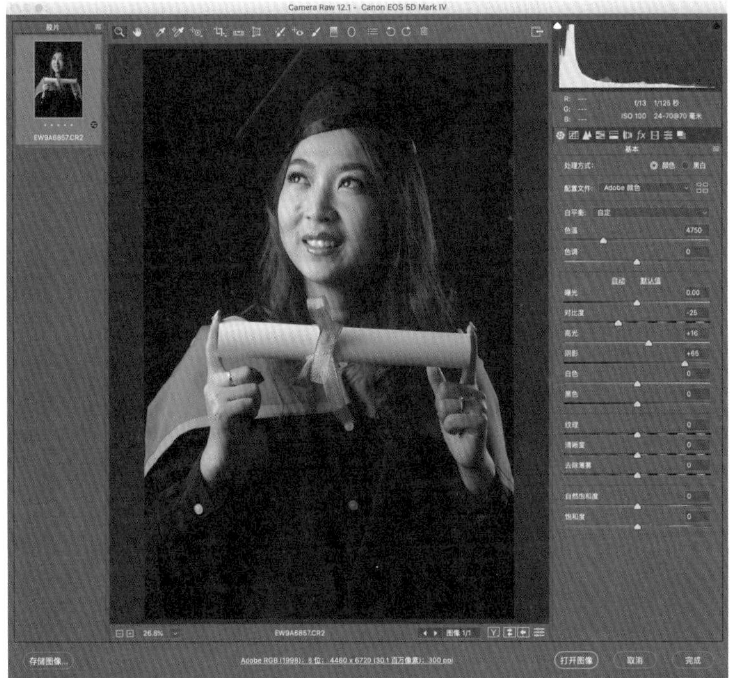
Camera Raw 12.1 - Canon EOS 5D Mark IV
EW9A6857.CR2
存储图像...
打开图像
取消
完成

图 7-2

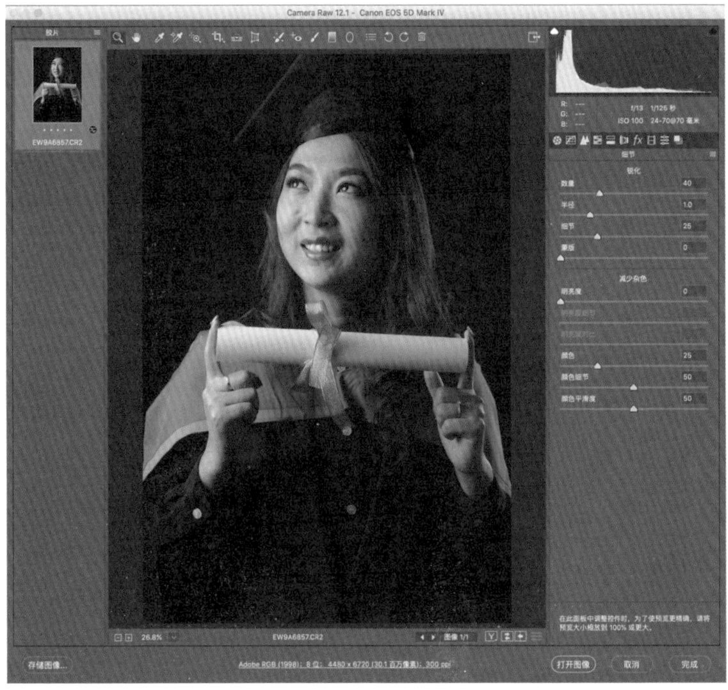
Camera Raw 12.1 - Canon EOS 5D Mark IV
EW9A6857.CR2
存储图像...
打开图像
取消
完成

图 7-3

## 7.1.3 使用修补工具修复瑕疵

在做了大致调整之后，我们可以点击“打开图像”，进入正式的修图工作。这时可以按住快捷键“Ctrl+J”（MAC 系统为“Command+J”）进行拷贝，以防操作失误（如图 7-4）。

图 7-4

直接在新图层上做修改，你可以按住快捷键“Ctrl++”（MAC 系统为“Command++”）放大或“Ctrl+-”（MAC 系统为“Command+-”）缩小图片。

在左侧工具栏你可以找到修补工具，像图 7-5 这样将模特脸上的痘痘、不均匀的粉底和碎发等小瑕疵圈起来，然后按住鼠标左键拖动到边上，系统会自动识别边上没有瑕疵的皮肤修补到这部分。之后，你只需要按住快捷键“Ctrl+D”（MAC 系统为“Command+D”）来取消选区即可。

事实上，无论是多么完美的模特，脸上都不可避免地会存在许多小瑕疵。在这一步，我们需要将这些问题一一解决。

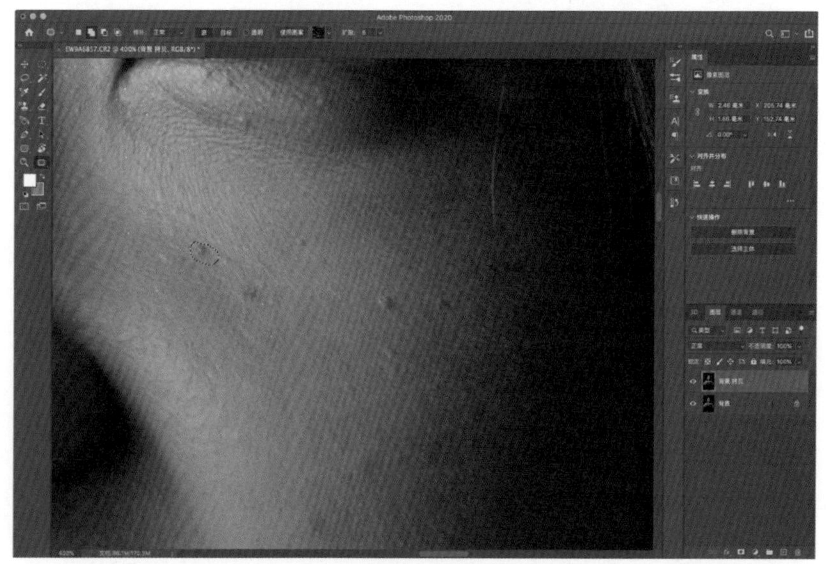

图 7-5

特别需要说明的是，有些模特的下睫毛由于化妆的原因或许会展现出这种零零落落的状态（如图 7-6）。面对这样的情况，我们可以选择直接将其当作面部瑕疵处理掉。在后期修图的过程中，再单独为模特增加下睫毛。

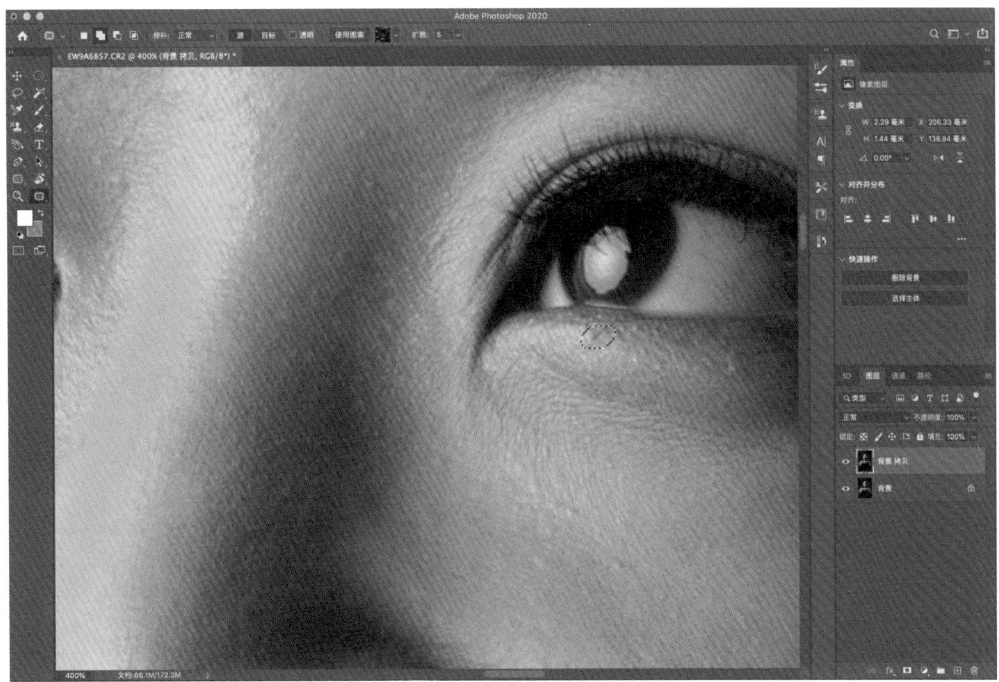


图 7-6

此外，像这一类目光有明确方向，导致露出大量眼白的照片，模特往往会出现眼部红血丝明显的问题，应该一并处理掉（如图 7-7）。

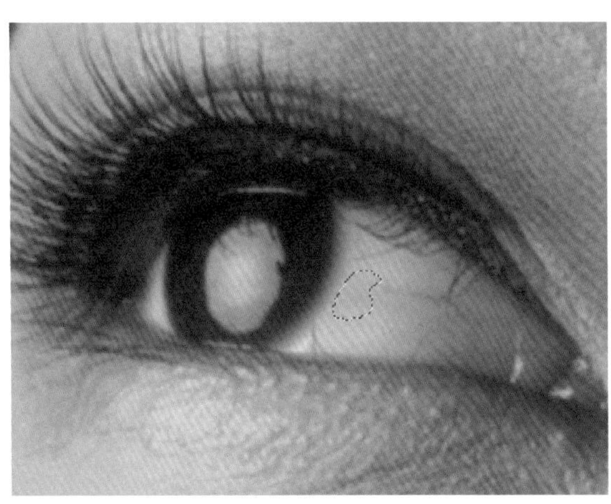

图 7-7

到目前为止，我们已经大致将脸部的一些细节完成了。

很多人会问，如果脸上有一颗明显的痣是否需要处理？答案是否定的，因为痣或酒窝等面部特征其实是个人的特征。如果我们在修片的过程中为了追求“完美”而把个人特征都去掉了，那么修图所追求的“真实”也将形同虚设（如图 7-8）。

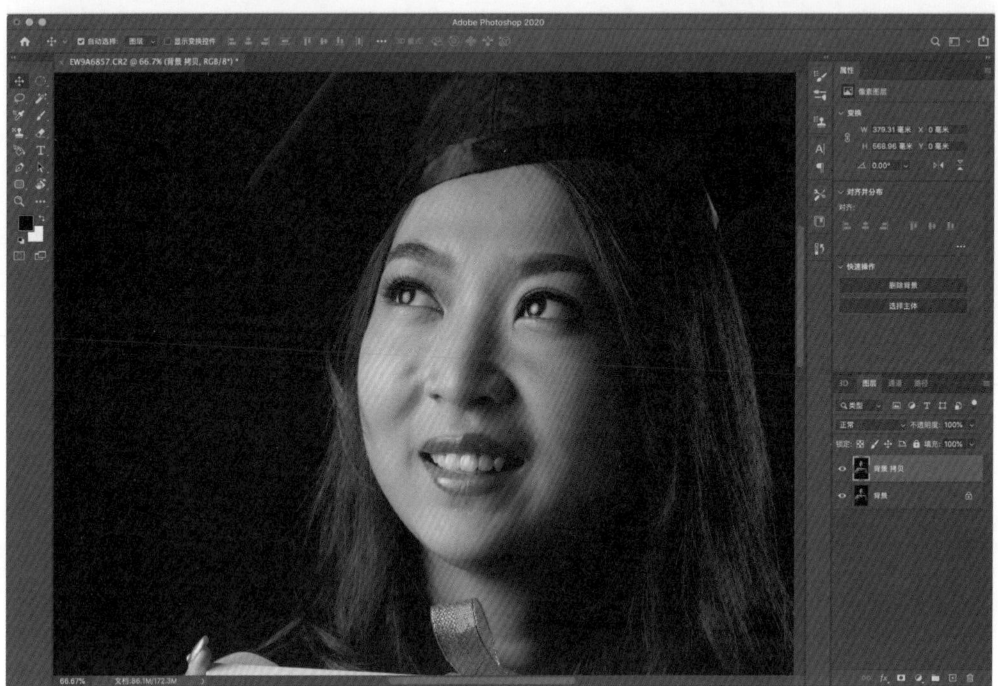


图 7-8

## 7.1.4 “擦灰”

在完成了修复整脸部瑕疵的工作之后，我们可以单击右下角“图层”面板下面的“调整”，开始新建一个黑白和一个曲线图层，并将曲线图层上的曲线微微下压，随后将这两个图层用快捷键“Ctrl+G”（MAC 系统为“Command+G”）进行编组（如图 7-9、图 7-10）。

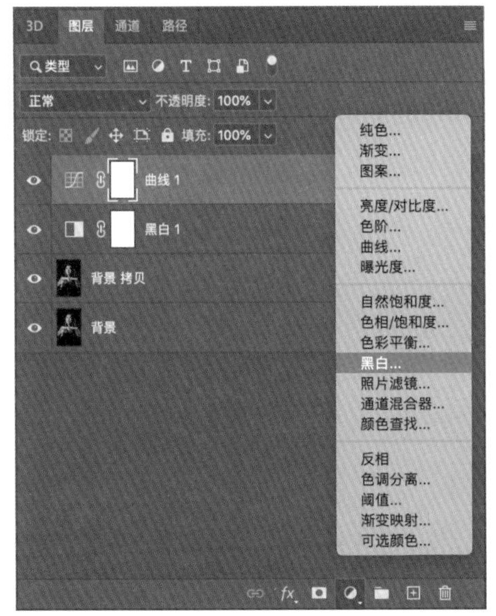


图 7-9

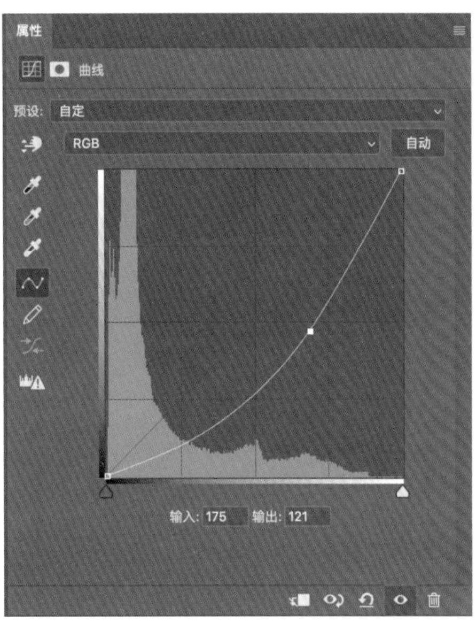


图 7-10

完成这一步后，我们可以按下组合键“Ctrl+Shift+N”来新建图层。在弹出的对话框中，你可以直接将模式调节成柔光（注意此处一定是柔光模式），并勾选“填充柔光中性色（50% 灰）”（如图 7-11）。这一步的操作就是所谓的“中性灰”。当然，这一图层仅仅是中性灰，之后的操作才是所谓的“擦灰”。

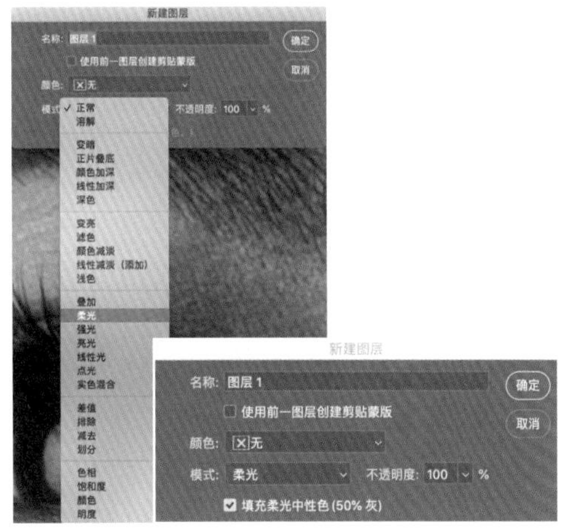


图 7-11

图7-12

此时你的图层应该是如图7-12这样的。

我们将在中性灰图层上运用小透明度值和小流量的画笔工具，进行人物脸部黑白光影的平衡和修饰。

在图层上面的组1中，我们刚刚建立了黑白和曲线图层。现在，我们将这两个图层（即组1）称为“观察层”，通过拉大黑白对比度和曲线弧度，我们可以更清晰地看到人物脸部出现的一些光影不平衡的问题，方便我们在中性灰图层中进行修饰。

在每一次修图中，我们可能都会建立数个这样的中性灰图层进行修饰。当然，每次修饰的目的都是不一样的。

在后期，我们可能单独修饰人物的眼睛，使得人物的眼神更明亮清澈。我们也有可能手动为人物增加腮红，并通过图层蒙版在局部减弱或增加腮红的效果，修饰人物的气色。

当然，我们也会为人物的衣服做修饰图层。这些修饰图层可能一次只会解决照片中的一个问题。但为了解决这个问题，我们建立的图层远不止一个那么简单，有“观察层”“调色层”等。

回到这里的组1，接下来，我们将图层改回到中性灰层上，选择画笔工具（快捷键B），将画笔的流量和透明度稍做调整。一般而言，我会使用手绘版，设置不透明度为10%，流量为30%。如果你没有手绘版，仅仅通过鼠标进行操作，你就需要将透明度和流量控制得更低。

在这里，我给新人的建议是：宁愿在初期将参数调得更低，一层层叠加，也不要试图将参数调高，更不要妄想一步完成。

在这一步，你可以使用白色画笔提亮，黑色画笔压暗。你的主要目的是平衡人物脸部的黑白关系。简单来说，就是让人物脸部的过渡更自然。

你应该还记得在修整瑕疵的过程中，你替换了许多瑕疵部分的皮肤。这些替换过来的皮肤将是你重点关注的对象。

此外，亚洲人的脸部较扁平，眼袋或鼻唇沟会较深，这些都会导致整个人面部下垂臃肿。针对这种情况，你可以适当提亮苹果肌的受光面以及减淡鼻唇沟部分的阴影。

在修饰的过程中，你可以通过不断地打开/关闭中性灰图层，观察自己所修改的部分，以及目前人物脸部的对比关系。你需要不断拉大曲线去做更细致的观察来决定是否需要继续修饰。

当曲线被不断提高直至修饰人物脸上的亮部已经接近过度曝光时，你就可以停止了。在调整的过程中，你也可以使用快捷键 R 来旋转画面，方便你进行观察。

千万不要因为没有解决所有面部黑白灰平衡的问题而感到沮丧，毕竟，我们现在才刚刚开始做人物修饰。还有另外一点需要注意，就是不要做过分的修饰。还是那句话，我们追求的是自然、真实的视觉效果。

在完成了中性灰的工作之后，我们就可以开始磨皮工作了。首先用组合键“Ctrl+Alt+Shift+E”（MAC 系统为“Command+Option+Shift+E”）来盖印图层。

或许有些朋友会产生疑惑，什么是盖印图层？

## 7.1.5 盖印图层

所谓盖印图层就是将我们之前所做的工作合并在一个新图层上。有了盖印图层就意味着我们可以不断地获得一个新的、综合之前所有工作成果的集大成图层。

## 7.1.6 磨皮

完成盖印图层之后，我们就可以将模式调整成线性光。

按住快捷键“Ctrl+L”（MAC 系统为“Command+L”）进行蒙版反向，然后打开“滤镜→其它→高反差保留”，如图 7-13、图 7-14 所示。

图 7-13

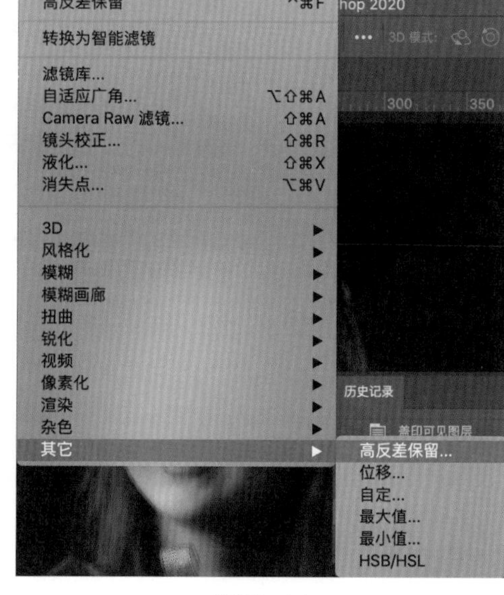

图 7-14

在这里，我设置的高反差保留参数为 8 个像素。

通常而言，我们进行磨皮工作时一般会将参数调整到 8~10 之间，但这张照片的主人公脸部皮肤较细腻，并不需要过分磨皮，因此我将参数设置得比较低。大家也可以根据自己的情况进行设置。如果设置完觉得不合适，也可以随时按住快捷键“Ctrl+Z”（MAC 系统为“Command+Z”）返回上一步，或在历史记录中回到上一步重新设置。

在完成了高反差保留的操作之后，我们继续打开“滤镜→模糊→高斯模糊”（如图7-15），同样地，我设置参数为 8 个像素。

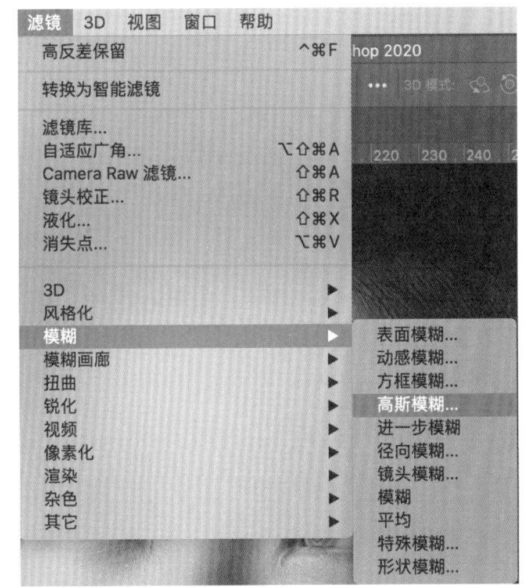


图 7-15

到目前为止，磨皮参数设置工作已经完成了。接下来，我打算给这个新图层加上一个蒙版，然后继续用画笔（快捷键 B）擦去不需要的部分。

由于我们磨皮工作主要处理的是皮肤上的毛孔问题，而瞳孔、头发、人物脸上的轮廓线、毕业证书等都没有做磨皮，所以我们可以在新设置的图层中擦去这些部位。除了头发部分，我发现在手指的边缘有一层高反差的溢出，这同样需要擦除。

图 7-16 是我擦完之后的效果，大家可以参考一下。

图 7-16

在完成这一步操作之后，我们就可以继续进行下一步操作，首先还是用组合键“Ctrl+Alt+Shift+E”（MAC 系统为“Command+Option+Shift+E”）盖印图层，其次打开“滤镜→锐化→ USM 锐化”（如图 7-17）。在这里，我勾选了“预览”，然后经过多次调整，我给画面设置了数量为 35%，半径为 2 的参数（如图 7-18）。

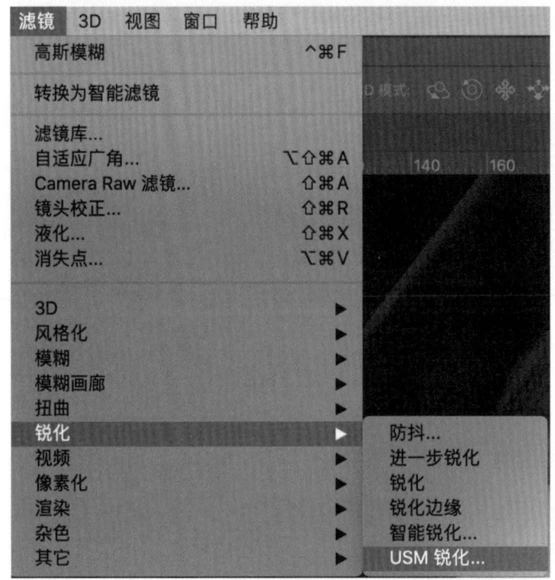


图 7-17

图 7-18

在调节完这个部分后，我们发现，脸部的处理已经很完善了，但头发、学士服和背景还几乎没有处理过，现在我们就可以来处理一下头发了。

## 7.1.7 处理头发

一般在处理这类毕业照的人物发型时，我们会希望头发光泽亮丽有精神。想要做到这些，我们可以给头发做效果叠加——改变亮度和对比度。

随后的步骤就像之前我们处理的那样，将除了头发的部分，全部使用画笔工具去除（涂黑）。

在这里，我有两个小技巧要告诉大家。第一个是：（假设我们先处理色相层的蒙版）只需要在白色的空白蒙版上使用画笔工具涂黑头发部分，按住快捷键“Ctrl+L”（MAC 系统为“Command+L”）进行蒙版反向，就可以十分迅速地得到一个撇去了其他部分的头发蒙版（如图 7-19）。第二个是：在处理完其中的一个蒙版区域之后，我们也不需要重复刚刚的步骤，再重新擦一个蒙版。只需要按下快捷键“Ctrl+J”（MAC 系统为“Command+J”）复制一层刚刚处理完成的色相图层，然后按住鼠标左键将色相层的蒙版拖放到亮度 / 对比度层蒙版的位置，系统就会自动跳出如图 7-20 这样的对话框。

图 7-19

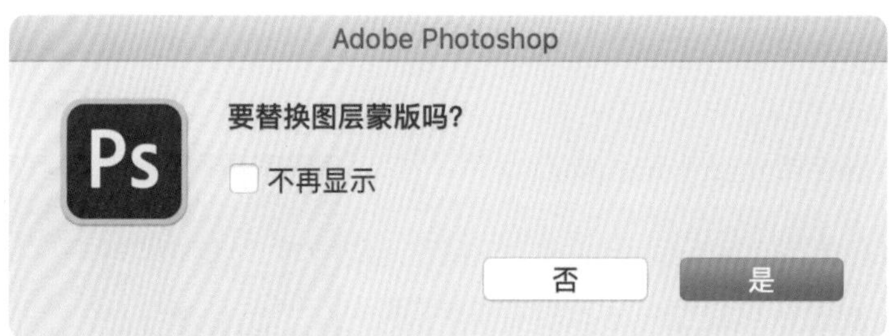


图7-20

此时，选择“是”就可以了。基于这两个现有的相同图层蒙版，我们再用画笔进行微调即可。在调整的过程中，我们可以调出蒙版区域，如图7-21就是色相层的蒙版区域。

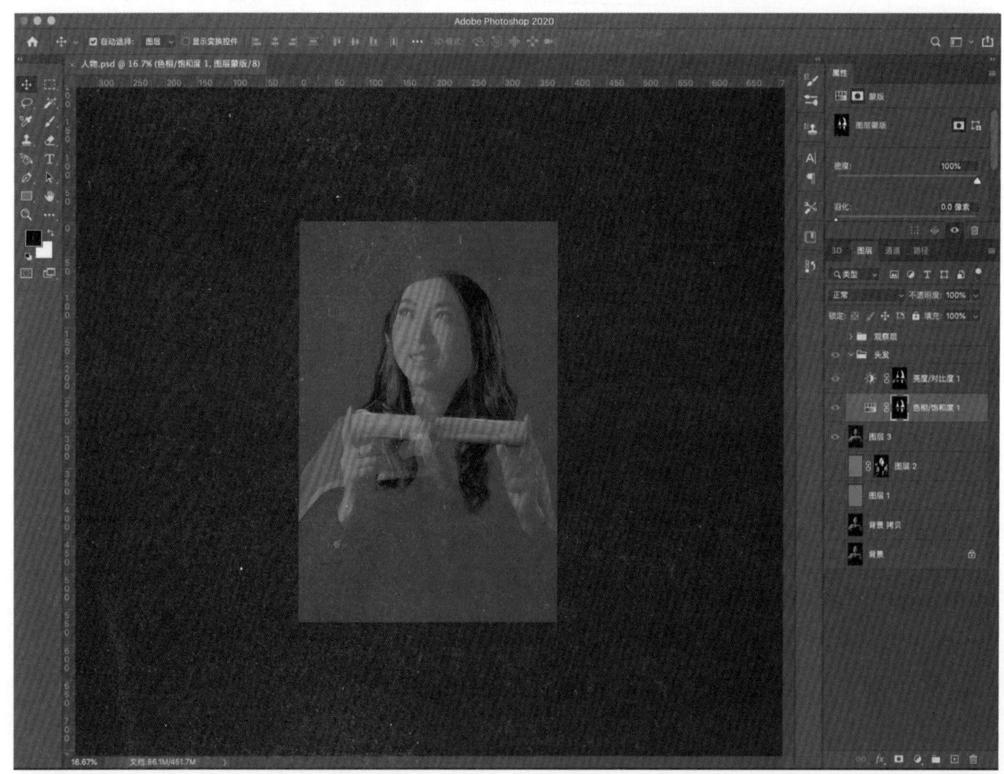


图7-21

在这里，我想提醒大家，头发是非常柔软的东西。在处理的时候，发梢部分不宜使用过于清晰的轮廓边缘线条笔刷，即不应该把笔刷的流量和透明度开得太大，但在左右两侧的边缘可视情况调整，不一定需要完全虚化。

现在，我们可以将调整头发的两个图层进行编组，随后再盖印一个新的图层即可。

## 7.1.8 处理服饰

我们可以一起处理学士服和学士帽的质感。如果将学士帽的质感处理好，就可以很容易地将人物从黑色的背景中剥离出来。当然，我们之所以留到此时处理学士服/学士帽，是因为一旦在处理的过程中遇到问题，还可以一并修改背景层。

其实这就像是黑白的对比关系一样——彼此衬托。

第一步，将学士帽放大，仔细观察，我们可以感知到亮部本身呈现暖色调，而暗部则是单纯的黑色。在这里，我调整了亮度、色彩平衡和色相 / 饱和度三个值。其中，大家可以看到蒙版都是一个形状。没错，是因为我只用钢笔抠了一次，随后将蒙版复制了两遍，分别进行了替换（如图 7-22、图 7-23）。

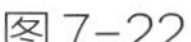
图7-22

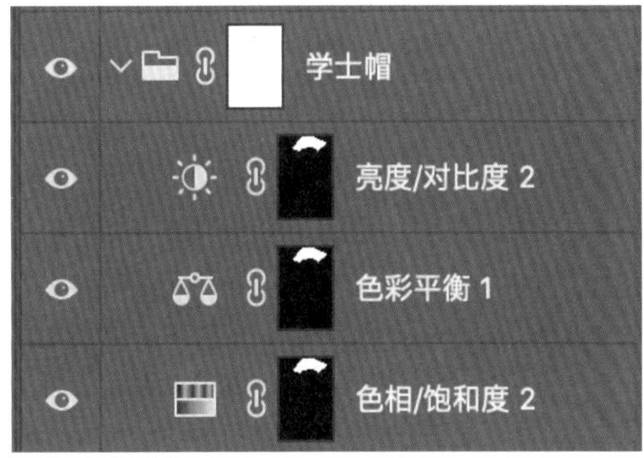

图7-23

完成后，我对三个调色层进行了编组。此时，我发现由于我刚才使用的是钢笔抠图，所以学士帽与人物额头皮肤交接的地方颜色差异太明显了。因此我对整个学士帽的编组又增加了一个蒙版。这个蒙版唯一的用处就在于单独擦弱学士帽在额头部分的边缘线。完成后，我又用同样的方法处理了学士服（如图 7-24）。

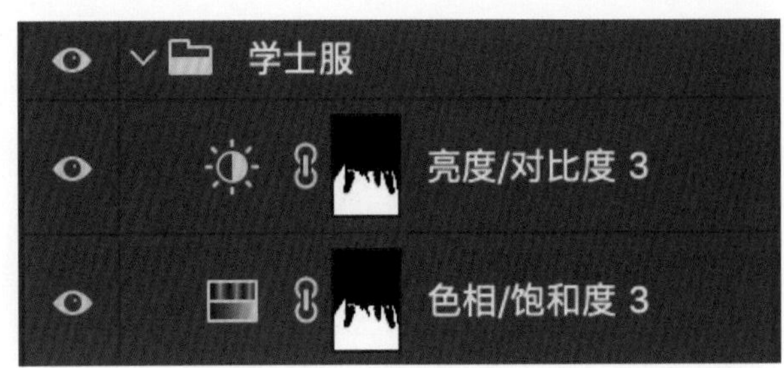


图 7-24

看到这里，大家或许会问，为什么同样一件衣服，有的地方，我增加了色彩平衡，而有的地方则没有。

其实加或不加，都不是一定的，主要根据你对色彩的感觉。而对色彩的感觉主要服从于最初建立的观察层。

如果你在哪一步不确定该怎么办了，请打开观察层看看人物整体的明暗关系即可。

迅速地处理完学士帽和学士服之后，我们就可以按住组合键“Ctrl+Alt+Shift+E”（MAC 系统为“Command+Option+Shift+E”）来盖印图层。盖印这个图层，我们主要的目的在于处理背景。

## 7.1.9 处理背景

现在的背景是黑色的，这十分符合光学逻辑，但大家别忘了，这是一张毕业照。黑色的背景虽然庄重，但会让人觉得不够“有希望”。在此，我们可以使用魔棒工具或钢笔工具将人物从背景上抠出来，然后使用蒙版隐藏其本身的背景。

图7-25

在人物层下新建一个图层，填上黑色。再新建一个图层，在左侧工具栏里找到渐变工具 。在渐变工具模式下，你会发现上方菜单栏里有不同的渐变形式。在这里，我选择了第二种渐变形式（如图7-25）。

图7-26

我想给画面一个蓝色的渐变，但我所找到的蓝色渐变非常生硬，该怎么办？别忘了，我们有不同的混合模式，还有图层透明度。

将一整列的混合模式都试过之后，你会发现“排除”的效果最好，而 50% 的不透明度，也相对比较自然。到这一步为止，我们的背景就调整完了（如图 7-26）。

但我发现了一个问题：由于简单粗暴地使用魔棒 / 钢笔工具将人物从背景上分离出来，使得人物就像是一张纸片一样生硬地贴在背景上。该怎么办呢？

同样的情况，其实我们已经遇到过无数次了。那就是用画笔擦，最终我们得到了如图 7-27 这样的一张人物图片。

图 7-27

效果好吗？完成了吗？

好，但还不够好。别忘了从头到尾，我们对人物脸部的皮肤，只做了修整瑕疵、擦中性灰和磨皮三个工作。连学士服，我们都会单独调色。可别告诉我，你已经忘了还没给人物脸部的皮肤做调色。

我们可以先停下来看看现在脸部皮肤存在的问题：出现了黑黄色，也就是不够通透，亮部也不够，导致和中间色几乎是一个明度，而且暗部的层次也不够丰富。

如果你看不出来，图 7-28 就是打开观察层后的效果。

图7-28

图7-29

针对现有的问题，我的解决方案是先提亮度，再提饱和度（如图7-29）。我们之所以可以大胆地提高饱和度，是因为刚刚已经把背景的色彩倾向确定了。

背景是冷调，人物是暖调，人物不就能从背景中分离出来了吗？

这里，我需要补充一个知识点：在后期的精细调整时，你需要注意脸上颜色比较脏（不通透）的地方。往往这种地方脏的原因，是由于叠加的色彩太多，比如红色层上青色的数值很高……面对这些问题，我们都可以做单独的调整。

不要小看色相层，一个色相层可以同时解决多个问题（如图7-30、图7-31）。单独调整完某一指定色的饱和度和明度之后，我们可以对全图进行调整。

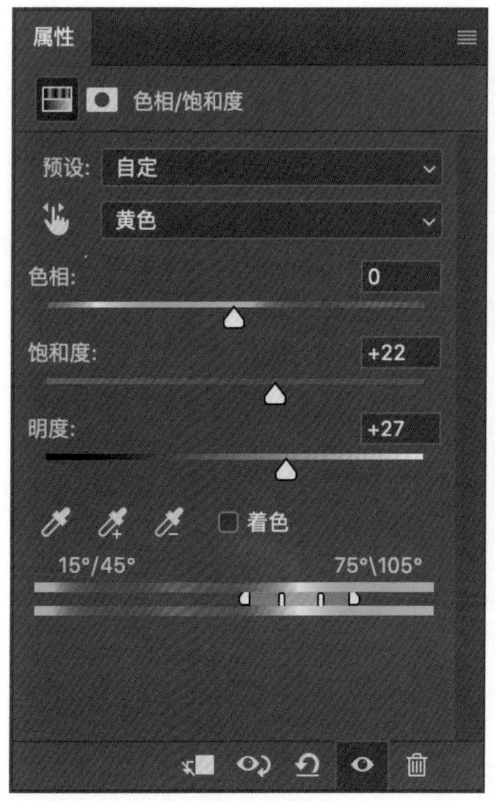


图 7-30

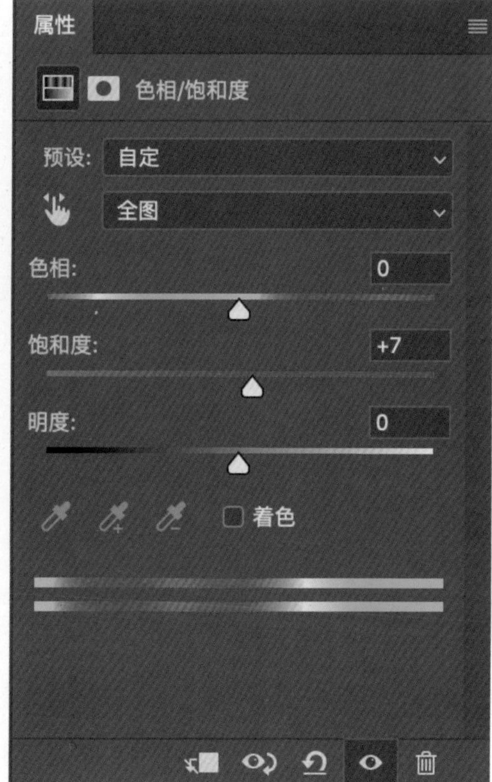


图 7-31

完成后，我们会发现，虽然修改了很多地方，但实际上只额外增加了两个图层（如图 7-32）。

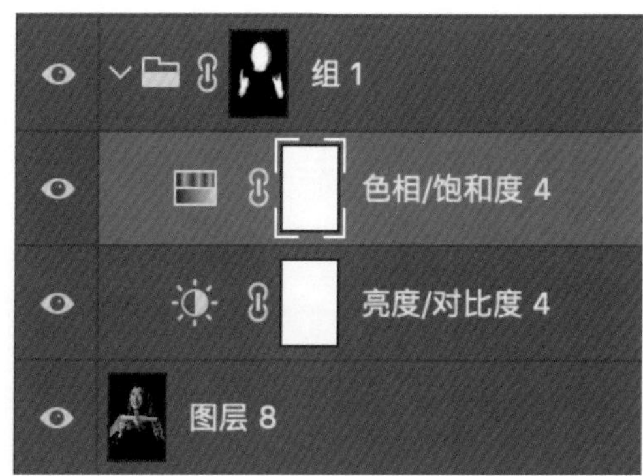


图 7-32

之后，将这两个图层编组、增加蒙版，然后擦去皮肤之外的部分。如果你觉得自己的蒙版比较生硬，我还有另外一个小绝招：调整羽化，如图 7-33、图 7-34 所示。

图 7-33

图 7-34

蒙版其实也可以单独调整羽化。刚刚接触 PS 的同学或许不太明白什么是羽化，羽化其实就是将边缘自动模糊、虚化。不仅仅在蒙版层有羽化，其实在菜单栏也可以找到羽化，只不过其“自动模糊”的对象不同。

通常而言，在 PS 中特效都可以反复叠加。你既可以给单独的蒙版层增加羽化，也可以在两个已经增加了羽化的调色层组上再加。加多少，怎么加，取决于个人的审美。

好了，现在让我们按住组合键“Ctrl+Alt+Shift+E”（MAC系统为“Command+Option+Shift+E”）来盖印一个新的图层，继续调整阴影部分的层次。

图7-35是到目前为止我们的画面效果。

图 7-35

## 7.1.10 修补局部瑕疵

此时你会发现在右侧额头上，有一块色彩不均匀的皮肤。由于我们已经将人物脸部的皮肤调整得非常细腻、自然了，因此可以直接使用画笔在这个位置补上淡淡的红色、橘红色，将断档的肤色衔接起来。

如果你愿意，我们可以新建许多图层，分别为人物增加腮红、眼影、眉毛，甚至增加上下睫毛，但考虑到这是一张毕业照，诉求点在于持重、端庄，因此没有必要增加过多的妆容。

完成这一步后，我们继续盖印图层，放大人物的脸部，会看到主人公虽然十分年轻，但脸上还是有一些细纹。

针对这种情况，我们可以选择模糊工具，并调低参数，慢慢地擦去这些细纹。当然每个模特的情况不同，这一步也并不是必需的。如果主人公比较年长，那么保留一部分皱纹也会是她的加分项。

到这一步，其实我们的人物已经处理得非常完美了。此刻将文件导出，这也会是一张非常有价值的照片。但如果我们想让照片变得更好，就可以继续进行下一步操作——添加杂色。

## 7.1.11 添加杂色

打开“滤镜→杂色→添加杂色”，通过预览，观察一下怎样的数量比较合适，我最终确定为4%，如图7-36、图7-37所示。接下来的这一步请大家务必记得：勾选单色，随后再单击“确定”。

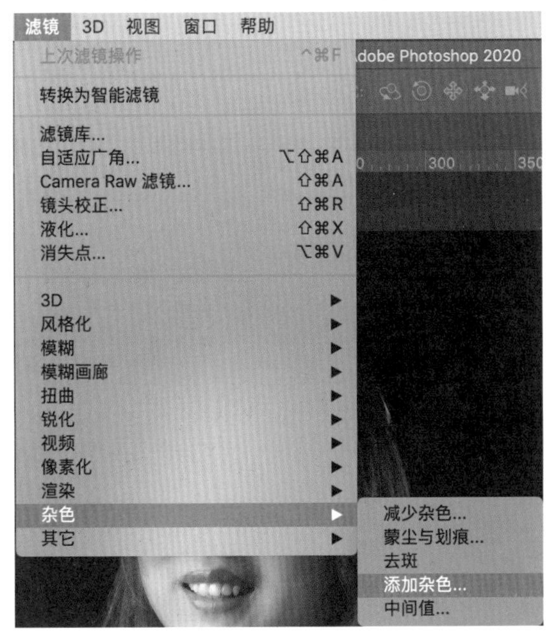


图7-36

图7-37

为什么要添加杂色？在这里，我做了一张对比图。

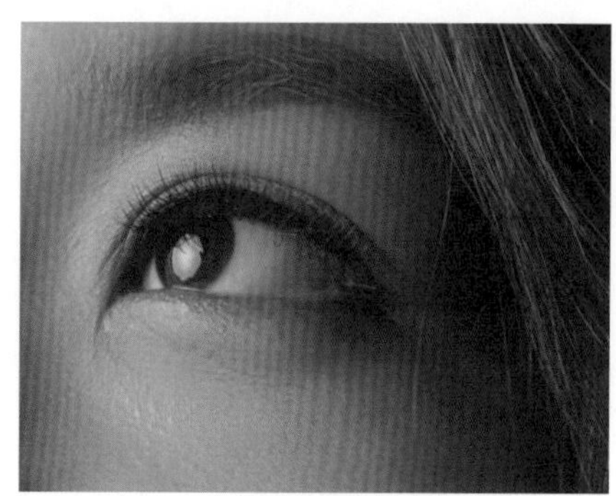

图 7-38

图 7-39

图 7-38 是没有添加杂色的效果，图 7-39 则是添加杂色后的效果。虽然差距不大，但可以看到这一点点的杂色还是增加了皮肤的透气感。到现在为止，我们的人像修图工作就完成了。

再来看一下原图（图 7-40）和修完之后的对比图（图 7-41），是不是颇有成就感！

图 7-40

图 7-41

## 7.1.12 步骤总结

**让我们一起来总结一下从头到尾我们经历了哪些步骤：**

**Step1** RAW 格式的调色；

**Step2** 修整脸部皮肤瑕疵；

**Step3** 建立观察层；

**Step4** 擦灰；

**Step5** 磨皮并锐化；

**Step6** 处理头发、衣帽、背景；

**Step7** 处理皮肤的颜色、明暗对比，模糊细纹和增加杂色。

而在这张图中，我们没有做但可以做的是，液化改变五官轮廓；单独处理牙齿、眼珠、毕业证等细部的光泽；反复多次擦灰；增加五官轮廓的立体度等。

如果大家对修图感兴趣，可以在之后的练习中反复摸索尝试。相信有了时间的投入，你的努力必将有所回报。

# 7.2 液化

前面，我尝试精修了第一张人像，但我并没有调整人物脸部的轮廓和五官的比例。这是因为毕业照是很特殊的存在，比起刻意的调整美化，记录真实才是我们最注重的。

但在日常生活中，我们依旧有许多需要用到五官调整功能的地方。遇到这种情况，我通常会使用液化功能。

在菜单栏里找到“滤镜→液化”（如图 7-42）。

图 7-42

单击后你就会进入如图 7-43 所示的界面。

图 7-43

在默认状态下，你的鼠标会处于左侧工具栏的第一行——向前变形工具上。这一工具其实是液化工具最原本的样子，它可以让你的图片微微变形，向前或向后偏移，并造成局部变形。

使用这个工具很容易就能达到“微整形”的效果，比如上提颧骨的位置、扩大眼眶突出眼睛等。

使用这一工具虽然非常灵活，但也有一些准入门槛——基础艺用解剖。这就造成了很大的不便，我们经常只是为了让眼睛变大一点、嘴变小一点这种小细节而使用 PS。

现在，PS 官方为大家推出了整个右侧面板的“脸部微整形服务”，各位可以一一进行尝试。

我想向大家特别推荐的是冻结蒙版工具（快捷键 F）和解冻蒙版工具（快捷键 G）。当你用向前变形工具去拉伸或者压缩局部的皮肤时，往往会遇到问题，而在液化状态下，也无法单独设置蒙版。其实，你可以事先在不希望液化工具起作用的部分画面，提前勾画填色，则后期液化工具在变形时会对该部分无效。这既简单，又很高效。

第二个我觉得十分有意思的工具是顺时针旋转扭动工具（快捷键 C）。第一次使用时，你或许会觉得它很鸡肋。这个功能好像除了预言家的水晶球成像之外，什么都不能做。如果这样想的话，你可就太小看这一功能了。

图 7-44 这张图片就是我使用液化功能做出来的。

图 7-44

像这类的字体处理，就是通过液化中的顺时针旋转扭动工具（快捷键 C）完成的。那么，如何使用这个顺时针旋转扭动工具（快捷键 C）呢?

第一步，找一张合适的图片，在 PS 软件中打开。我找的图片已经经过了色调的预先处理，可以直接开始处理文字。使用文字工具输入文案，接着调整字体大小和间距（如图 7-45）。

图 7-45

第二步，分别复制背景层和文案层作为备用，这有助于我们养成更好的工作习惯。随后选中这一图层，然后选择“滤镜→液化”（如图7-46）。

图 7-46

由于我们的文字是矢量的，于是系统会出现以下弹窗（如图 7-47）。

选择“栅格化”即可将文字由矢量转化为图形形式，方便进行下一步的液化操作。

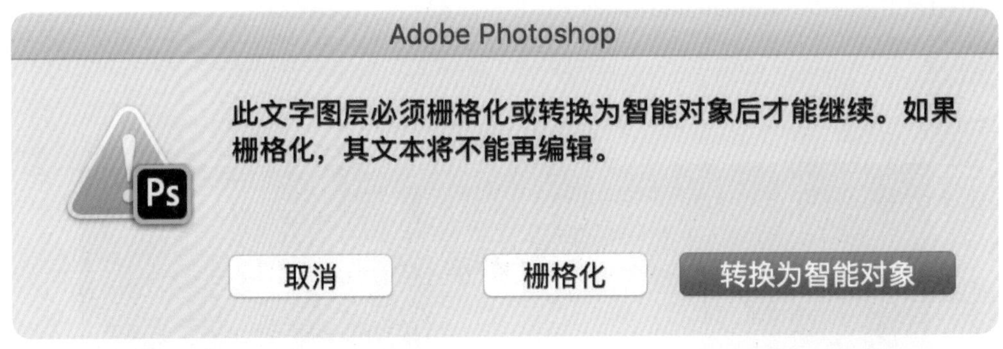


图 7-47

第三步，进入液化界面后，将笔触调整到合适大小，选择顺时针旋转扭动工具（快捷键 C）上下拉动文字，调整完后点击“确认”。

值得一提的是，PS 会自动记录你上一步的操作。如果你觉得上一步的调整太微弱，可以在滤镜里找到你上一步的操作进行反复叠加。

第四步，调整完成文字的波动效果之后，你可以为文字加上渐变蒙版，使文字形成一种若隐若现的效果（如图 7-48）。

最后，进行“保存→导出”即可。

图 7-48

# CHAPTER

# 8

## 常见需求

## ——如何制作简单动画

# 8.1 帧动画

我们经常在微信上收到各种各样的表情包，这些表情包大部分都是一张 GIF 格式的动图。其中的人或物的动态都会循环播放，不断重复某一特定的动作。

如果长时间地观察某一张动图，你会发现这其实只是由两张静态图片循环播放做成的图片。之所以你会感觉人物在活动，实际上是视觉暂留现象的缘故。

目前主流的动画其实都是运用这种手法完成的。而所谓帧的概念，就是指每秒钟可以播放的画面数量。一般来说，如果每秒播放的画面数量达到 12 帧，我们的肉眼就观察不到中间的停顿了。

这些有意思的小动图，就是我们今天要一起来完成的帧动画。帧动画对素材并没有特别要求，事实上，无论是照片还是原创插画，甚至文字，都可以用来制作帧动画。这里我就用最简单的文字给大家做示范。

| 表情图片素材 | | | | |
|---|---|---|---|---|
| 素材名称 | 数量 | 格式 | 尺寸(像素) | 文件大小 |
| 表情主图 | 16/24 | GIF | 240 x 240 | 不大于500KB |
| 表情缩略图 | 与主图数目一致 | PNG | 表情专辑：120 X 120<br>表情单品：240 x 240 | 表情专辑：不大于50KB<br>表情单品：不大于60KB |
| 详情页横幅 | 1 | PNG或JPEG | 750 X 400 | 不大于80KB |
| 表情封面图 | 1 | PNG | 240 X 240 | 不大于80KB |
| 聊天面板图标 | 1 | PNG | 50 X 50 | 不大于30KB |

图 8-1

图 8-1 是微信表情开放平台上，官方对于上传微信表情的要求。在这张图片中，我们首先可以知道的是表情主图尺寸要求为 240x240 像素。由于是供电子屏幕使用，所以色彩模式应该选择为 RGB，分辨率设置为 72dpi。

## 8.1.1 创建帧动画

我们首先打开“窗口→时间轴”（如图 8-2），你会发现底部多了一个如图 8-3 所示的通栏。

我们需要单击进入创建帧动画模式（如图 8-4）。

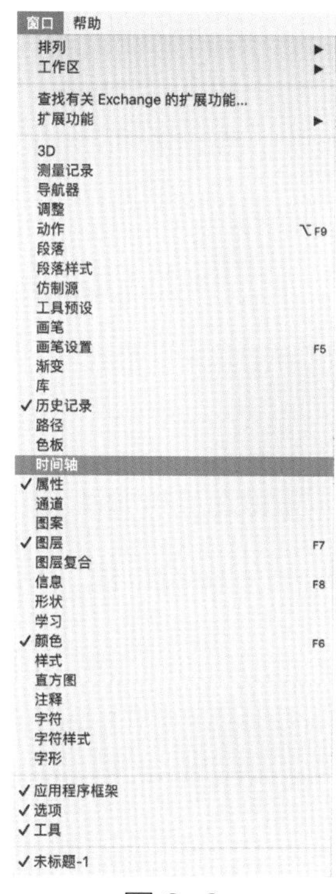


图 8-2

图 8-3

图 8-4

## 8.1.2 了解菜单设置

我们可以看到一行图标，依次是转换为视频时间轴、播放次数、选择第一帧、选择上一帧、播放动画、选择下一帧、过渡动画帧、复制所选帧和垃圾桶（删除）。

视频时间轴其实是 PS 提供的另一种视频模式。你可以运用这个功能制作一些简单的视频剪辑。

播放次数则是指当你完成想要的动图时，在导出之前对其预览的次数。由于导出后，动图会永远循环播放，所以我通常会将播放次数设定为永远。

过渡动画帧的用处是帮助你省去做动画过渡的麻烦。假设此时你在画面的左边画了一个大球，而 2 秒后这个球会出现在画面的右边，中间的部分就可以用过渡动画帧技术解决。

## 8.1.3 “祝您拥有便利店自由”

现在我们可以回到画面，开始操作了！首先输入我们想要的文字，我选择用文字工具写了一个“祝”字，随后暂时隐藏这个图层。

大家可能注意到了，在 PS 中文字工具有一个比较特殊的点，即文字图层，系统会在你原本所在的图层上自动生成新图层。也就是说正常情况下，文字图层永远都是独立的一层。

我们可以复制一层“祝”字图层，随后将文字改成“您”字。重复之前的步骤，暂时隐藏，再复制一个图层，将文字改成“拥有”。依次操作上述步骤，直到我写出这句“祝您拥有便利店自由”。

根据我想要的短句，一两个文字为一段分布在几个图层上，接着调整文字的大小、位置和颜色，此时你所看到的图层应该是如图 8-5 所示的这样。

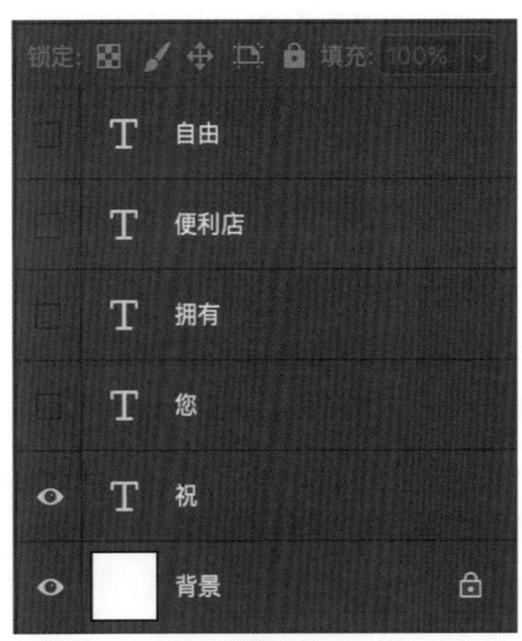

图 8-5

值得一提的是，我仅仅是作为示范，你也可以在每个图层上设置更多不同的色彩、花纹等。

完成这一步之后，我们回到之前的帧动画轴后会发现，之前处在最上方、唯一没有点击隐藏的“自由”出现在了第一帧上。

你是不是已经猜到了？没错，这里的帧会实时投射你的画板内容，同时下面的 xx 秒其实是告诉你这个画面会停留多少秒。

我们将画板上的内容切换为“祝”字，并设定其停留的时间为 0.5 秒，然后复制这一帧，你会发现复制的新一帧默认停留的时间也是 0.5 秒。这时你就只需要在选中第二帧的时候，切换一下隐藏的图层，将“您”字图层展现出来就行了。重复你的操作，完成后，你的时间轴应该是如图 8-6 所示的这样。

这时就可以尝试使用播放预览，如果你觉得文字有问题，可以调整其对应的图层。

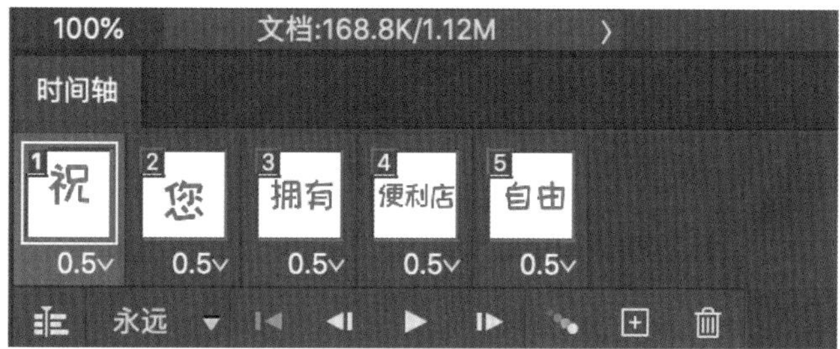


图 8-6

# 8.2 导出为 GIF

确认无误后就需要导出 GIF 文件了，你可以找到“文件→导出→存储为 Web 所用格式（旧版）”，如图 8-7，或使用其对应的快捷键“Option+Shift+Command+S”进行保存。

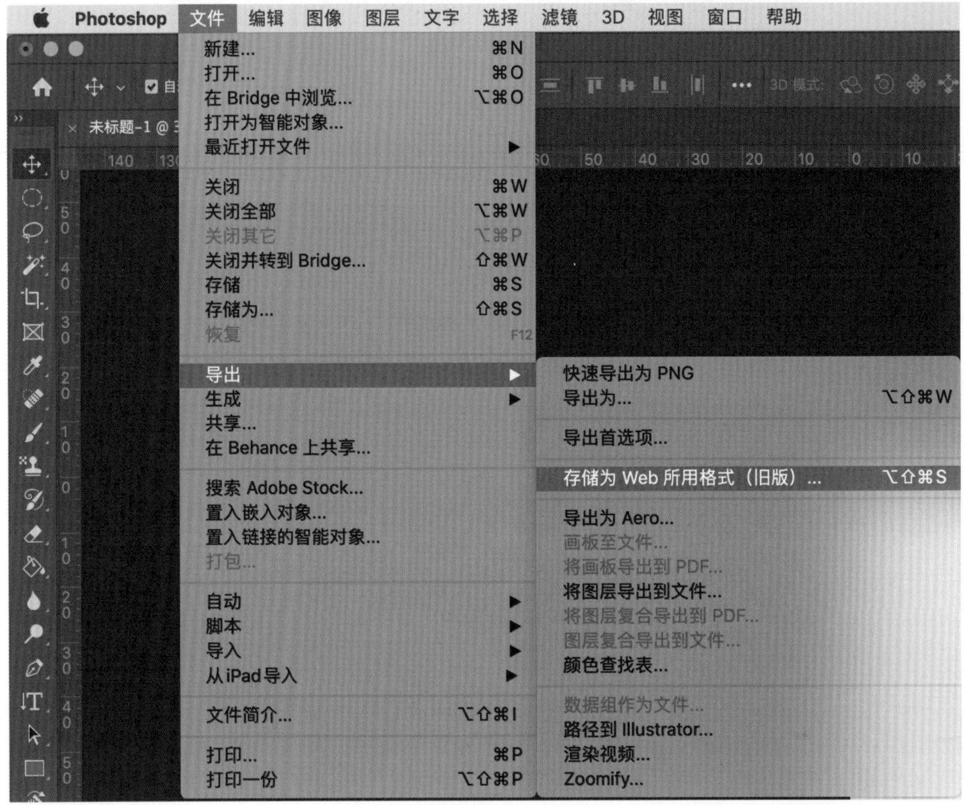


图 8-7

我们可以看到图 8-8 左侧是关于画板的预览，右侧则必须将文件格式改成 GIF。你可以调节一下颜色数，颜色数都是 2 的 N 次方，数字越大表示文件中的颜色还原度越高，颜色越逼真。同样地，你导出的文件就会越大。由于我所做的动图只用到了蓝色和红色这两种颜色，所以我将颜色数值调到 16。

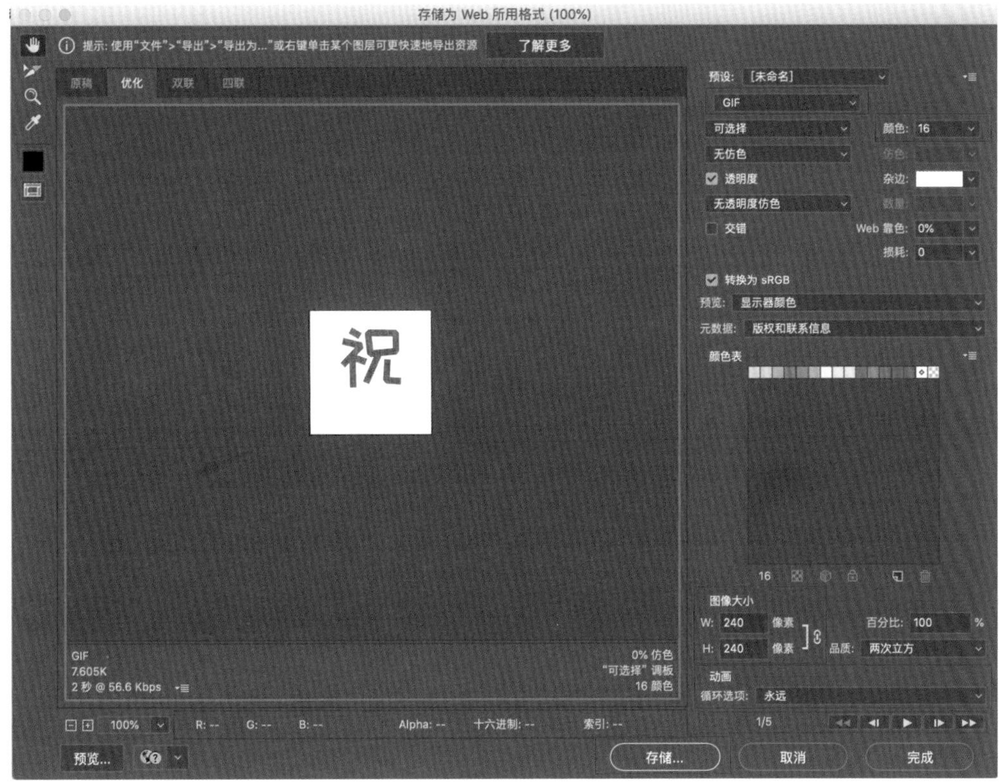


图 8-8

再往下，你就可以看到之前所设置的图像大小了。到这一步，你依旧可以更改图片的大小尺寸比例，并且还可以控制动画的循环选项。当然，一般我们都会设置为默认永远的状态。

当这一切都设置完成了，你就可以点击“存储”，获得一个 GIF 文件。但切记别忘了按住快捷键“Ctrl+S”保存一个 PSD 文件，方便后期随时修改后重新导出。

# CHAPTER

# 9

## 常见需求
## ——PS 与其他软件的综合运用

感谢大家能够读到这里，无论你是跳跃着阅读，还是一丝不苟地阅读到这里，我都感到很高兴。

Adobe 是一家很强大的软件设计公司，它的强大之处在于，除了 PS 之外，这个公司还拥有十几个像 PS 一样优秀的软件，包含视频类、3D 建模类、网页交互类……其中 PS 提供的主要还是图片处理类的服务，比如在 Sketch Up 这类 3D 软件中，你可以直接将 PS 完成的素材链接到几何平板上，并设置渲染时面向镜头，既可以省去许多非关键元素建模的麻烦，又可以有效地控制你所建模型的文件大小，还可以随时调整渲染素材的颜色、细节等。

在之前的章节中，我们已经知道了如何使用 PS 做出 PNG 图片，并导出做成 PPT 模板，这基本可以满足日常的一些办公需求。在这里，我还要和大家一起分享一些其他软件与 PS 结合使用时候的效果。

# 9.1 AR 虚拟增强：PS 与 Aero 的结合使用

近几年来，虚拟增强技术一直是一个热门议题。随着 5G 技术的发展和普及，互联网技术为虚拟现实带来了可能性，就像移动互联网崛起一样，这一次技术赋权给了 3D 与虚拟现实一个机会，而一向走在技术前列的 Adobe 也同样应时推出了软件 Aero。

第一步，打开你想处理的画面，整理好相关的图层，合并无关图层、编组、重命名。随后打开“文件→导出→导出为 Aero”（如图 9-1）。

图 9-1

由于我们已经将图层分成了四个主要的编组，因此导出时系统自动识别为有四个顶级图层。为了后期编辑的需要，我们可以选择“导出”（如图 9-2）。

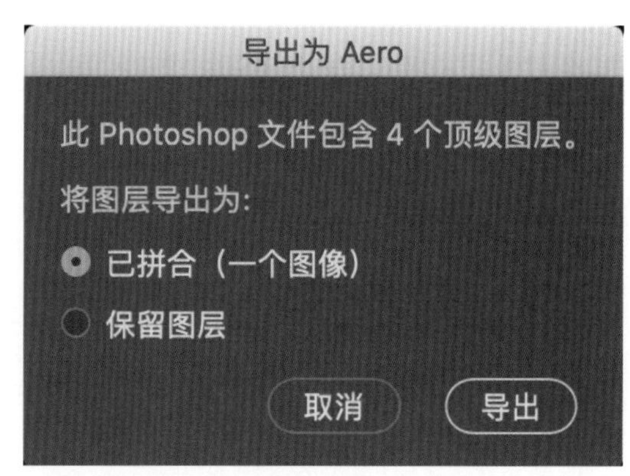

图 9-2

第二步，在 Aero 中新建一个项目，随后再打开之前另存的文件，直接置入该场景中即可。通过调整 Z 轴的中值可以前后拉长之前所设置的四个图层的前后距离，而调整 X 轴和 Y 轴则可以控制你所置入文件的长宽大小。

如果你想虚拟增加的并不是一个完整的画面场景，而仅仅是一个人物，则可以选择在开始导出时即拼合成一个图像。这样做了，即便之前你并没有整理合并过不同的图层，获得的人物也不会是一组单个凌乱的碎片。但缺点就是这里的 Z 轴值就不存在了。

# 9.2 产品经理利器：PS 与 XD 的结合使用

UI 设计也是一个时下非常流行的话题，好的 UI 设计常常需要深入地考虑用户的操作使用习惯，以及在使用过程中的具体体验。

基于以上种种原因，仅仅使用 PS 来完成画面操作就不足以满足日益精细的 UI 设计需求了。很多像“多 2 个像素”这样的口头需求，也很难让设计师直观理解，在这里，我推荐产品经理可以使用 Adobe XD。

使用 PS 导出 PNG 图片或 JPG 图片，随后在 XD 中新建自己所需要的文件，或直接使用“您的计算机”打开已经整理好分组的 PSD 文件（如图 9-3）。

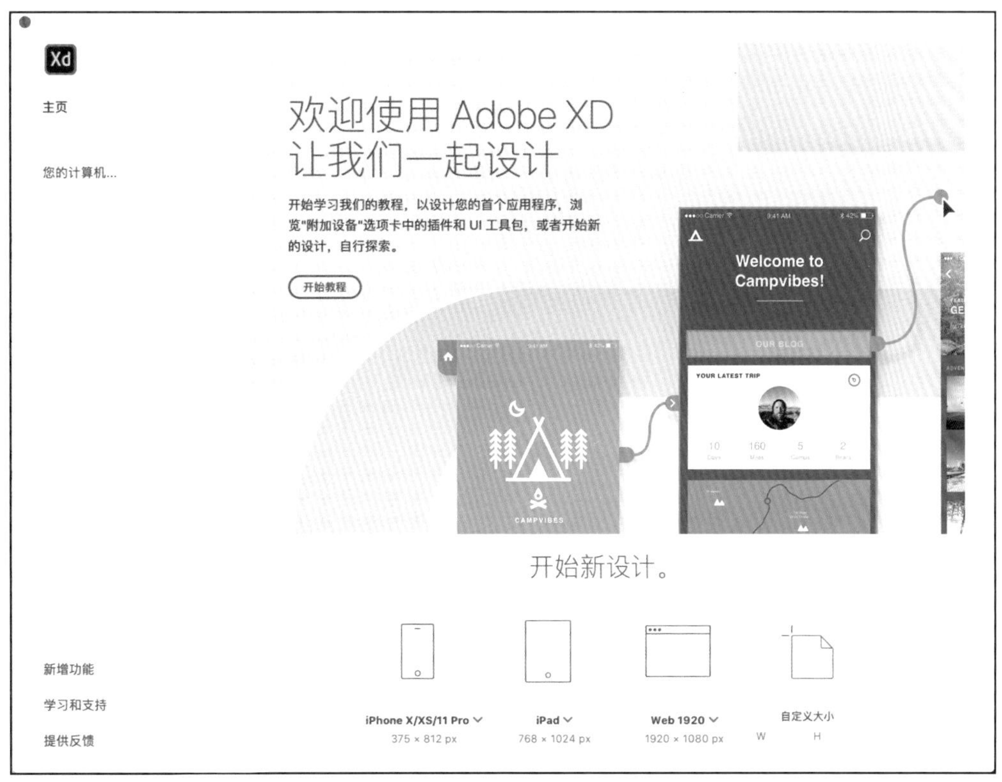


图 9-3

如果是新建的文件，则需要使用矩形框或将预先处理好的一些图片直接拖入你的文件，按住 Shift 键可以等比缩放调整大小。完成后，你可以在左上角的“原型”中设置页面跳转热区和跳转响应画。通过这种方式，你可以更高效地处理画面之间的比例和转换，揣摩用户的使用习惯。

如果你是通过“您的计算机”打开现成的 PSD 文件，那么你在 XD 中看到的文件依旧是分层的，而分层规则是依据了之前在 PS 中的“编组”。

当然作为 Adobe 的成员，XD 所拥有的强大兼容性远远不止服从图层调整那么简单。在 XD 中也同样存在着图层的概念，如果你想更细微地调整某一具体图层中画面元素的位置，就可以找到左侧的图层按钮，找到具体的图层位置（如图 9-4）。

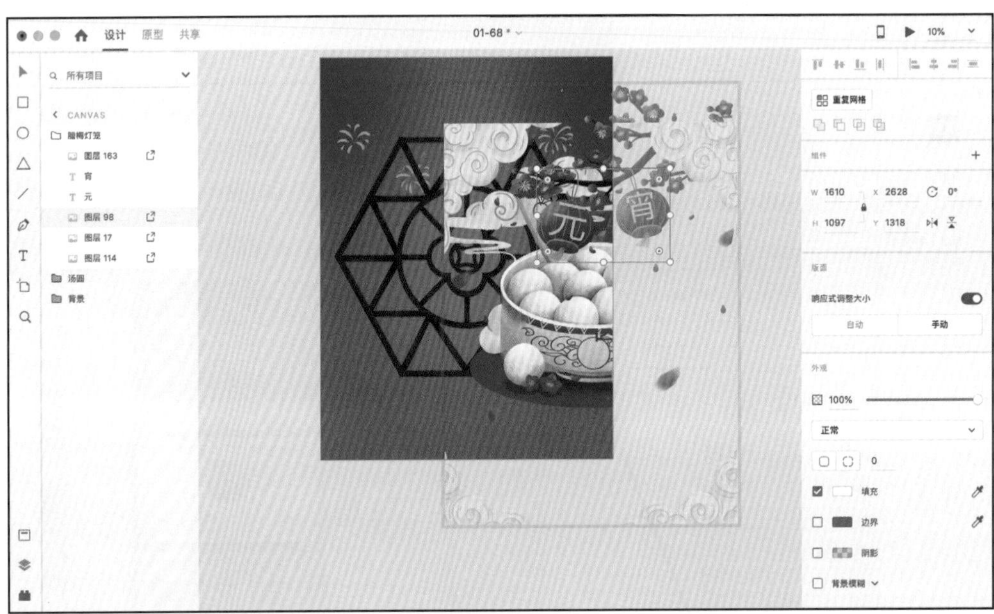


图 9-4

# 9.3 渲染利器：PS 与 Dn 的结合使用

完成了一个得意的插画，或设计了一个漂亮的图形之后，你想要看看在实际生活场景中这一设计的运用效果吗？

找一张现成的照片进行贴图确实是一种解决方案，如图 9-5。如果你会建模，或许你可以自己建模并贴图渲染？没错，贴图渲染虽然好，但无法调整角度，能够提供给你的只有一种视角；建模渲染虽然解决了这个问题，但也同样会带来巨大的工作量。

图 9-5

以一张简单的 PNG 图片为例，在建模内直接拖拽需要的白模，随后赋予材质与 PNG 图片大小，大致如图 9-6 所示。

图 9-6

图 9-7

随后用 Render 进行渲染（如图 9-7）。

可以看到在磨砂的玻璃球上，有我们贴上的 PNG 图片，水、磨砂玻璃的材质、周围的环境以及灯光都是现成的。

使用这一软件加上我们使用 PS 做出的图片，可以非常快地达到我们想要的效果。使用现成的白模也可以帮助我们快速切换多个角度，展示不同视角下你所设计图形的颜色、大小、视觉效果以及实际场景效果。

在最后导出的过程中，你还可以选择导出 PSD 文件或 PNG 文件。如果你导出的是带图层的 PSD 文件，就可以在后期得到更细致的调节渲染图形的细微效果，比如加上水印、自己的签名等。因为仅仅是作为示范，我没有导出高精度的文件，如果大家对这个软件感兴趣，可以自己尝试一下。

很多软件如 AI（Adobe illustrator）采取链接形式读取 PSD 文件，这意味着在这一过程中，如果你随时对 PSD 文件进行改动与保存，则 AI 等软件中的 PSD 文件也会随之变动。这样做的好处是，PSD 文件不必被反复保存、置入后期合作的软件中，能极大地节省电脑内存。但同时也对使用者提出了文件整理的要求，你往往需要单独整理出一个储存链接文件的文件夹，以便后期使用、修改等。

最后，我非常感谢大家读到这里，希望这本书不仅能够让你知道如何使用 PS 应对一些办公需求，也能做出一些属于自己的作品。

同时，在本书中我提到的许多方法，都需要大家亲自尝试，只有在实际操作中才能做到熟练运用，正所谓“纸上得来终觉浅，绝知此事要躬行”。